ISSN 1
CN37
CODEN

青岛大学
学报

Journal of Qingdao University

自然科学版
Natural Science Edition

U0256678

山东省优秀期刊

4
2021

Vol.34 No.4

2021年11月   第34卷 第4期

公 告

本刊与下列 数据库 签有合约

凡在本刊刊登的文献，均为以下数据库录用

1 清华同方（本刊有偿提供电子及纸质版本）

2 万方数据（本刊有偿提供电子及纸质版本）

3 维普资讯（本刊无偿提供纸质版本）

4 中国教育科技在线（本刊无偿提供电子及纸质版本）

5 台湾华艺（本刊有偿提供电子及纸质版本）

6 美国化学文摘（本刊无偿提供纸质版本）

另为《中国数学文摘》摘录刊源

南海仔稚鱼图鉴

（一）

侯刚　张辉　著

中国海洋大学出版社

·青岛·

图书在版编目（CIP）数据

南海仔稚鱼图鉴. 一／侯刚，张辉著. —青岛：中国海洋大学出版社，2021.7

ISBN 978-7-5670-2872-2

Ⅰ.①南… Ⅱ.①侯… ②张… Ⅲ.①南海—稚鱼—图集 Ⅳ.①S962-64

中国版本图书馆CIP数据核字（2021）第134132号

出版发行	中国海洋大学出版社
社 址	青岛市香港东路23号　　　邮政编码　266071
网 址	http://pub.ouc.edu.cn
出 版 人	杨立敏
责任编辑	魏建功　　　　　　电 话　0532-85902121
电子信箱	375253401@qq.com
印 制	青岛国彩印刷股份有限公司
版 次	2021年7月第1版
印 次	2021年7月第1次印刷
成品尺寸	185 mm × 260 mm
印 张	15
字 数	272千
印 数	1～2000
定 价	168.00元
订购电话	0532-82032573（传真）

发现印装质量问题，请致电0532-58700166，由印刷厂负责调换。

前 言 FOREWORD

　　南海，位于"珊瑚大三角"范围的西北缘，地处25个世界生物多样性热点中心的最核心区，总面积达350万平方千米。南海生境复杂，有大型的河流（如珠江、湄公河）注入，有复杂的沿岸生境（如红树林、珊瑚礁岸礁、潟湖），还有广阔的陆棚区、大洋性深海海域及珊瑚礁环礁（如东沙群岛、西沙群岛、南沙群岛），因此孕育了全球海洋生物种类的1/3，其中已记录鱼种3 400多种，占全球鱼种的10.4%。

　　我国南海海域已记录硬骨鱼类2 300多种，并不断地有鱼类新种被发现。这些硬骨鱼类不仅对于维持生态系统功能具有关键作用，更支撑了南海80%以上的捕捞经济产量，为沿海地区提供了丰富的营养资源和良好的经济效益。由于全球气候变化和人类活动（尤其是过度捕捞）的双重影响，南海鱼类栖息地环境变迁或者丧失，严重影响了其种群的繁育和资源补充，导致南海鱼类资源急剧下降。因此，亟须在南海海域开展鱼类的产卵场和育幼场调查，查明鱼类资源的补充机制，从而实现对南海鱼类资源的保护和可持续利用。

　　鱼类早期生活史，是指鱼类个体从受精卵开始，经过胚胎（卵）期、仔鱼期，直到稚鱼初期的阶段。该阶段鱼类个体在形态、生态、行为和栖息地选择等方面处于动态变化之中，死亡率高，自然状况下存活率通常不到1%，其成活率的高低直接关系到年际补充量的大小，是引起鱼类种群数量变动和年龄结构变化的主要原因。因此，早期生活史阶段是开展鱼类资源调查、研究鱼类早期补充机制和种群数量变动、推动鱼类资源可持续利用与资源养护等工作的基础，是生态补偿研究的热点问题之一。

　　由于发育时间短暂，各发育阶段的形态特征变化显著，参考文献很少，所以鱼类生活史早期的分类鉴定难度较大，相关研究的人才亦十分匮乏。南海海域的鱼类早期生活史鉴定参考资料更是少之又少。近50年来，我国南海海域已鉴定的鱼卵、仔稚鱼不到400种，仅占已知硬骨鱼类的1/6。除少数种类有较早前的产卵场调查研究外，大部分鱼类的相关研究鲜有报道。南海鱼类早期生活史阶段鉴定的瓶颈，不但限制了南海鱼类早期补充机制等相关学科研究的进展，更导致关键鱼类种群产卵场和育幼场数据的缺乏与不足，不利于南海鱼类资源及生境的保护和可持续利用。

随着分子技术的快速发展和测序费用大幅降低，DNA条形码技术得到了迅速发展与普遍应用，越来越多的物种DNA条形码在生物条形码数据系统（Barcode of Life Data System，BOLD）平台上得到了共享。截至2020年12月，BOLD数据库中共记录了23 368个鱼种，共计372 007条序列。DNA条形码技术证明其在鱼类中可以有效鉴别80%以上的物种。公开的数据库资源，为解决南海的鱼卵、仔稚鱼的鉴定工作提供了参考依据。但是，DNA条形码本身存在一定的局限性，如不适当的分类和错误鉴定，在一定程度上影响了利用网络共享平台进行物种鉴定的准确性，因此，需要建立研究区域的本地数据库。笔者在2012年启动了"南海鱼类DNA条形码标本数据库"计划，截至2020年，共采集制作了1 000多种超过30 000余尾凭证标本，已获得其中9 000多条成鱼标准DNA条形码序列，为南海鱼卵仔稚鱼的分子鉴定工作奠定了一定基础。在此基础上，笔者持续推进了南海鱼卵仔稚鱼的形态学分类和分子分类数据库工作。为了获得甲醛样品的典范图鉴，笔者建立了适用于南海仔稚鱼甲醛DNA的提取技术，测定DNA条形码序列后用于物种鉴定。

可喜的是，在南海渔业资源严重衰退的背景下，经过七年的不懈努力，我们依然全面采集到了南海北部常见的仔稚鱼。在拍摄原版图鉴、完成形态特征描述、获得DNA条形码序列后，笔者整理了其中的57科112属162种仔稚鱼形成《南海仔稚鱼图鉴（一）》，将填补南海区域该研究领域的空白，对于南海鱼类资源的保护和利用具有重要意义。

本书为第一阶段的部分工作总结，由于掌握的材料还不够充分，同时限于笔者水平，书中难免有不当之处，敬请各位同仁谅解和批评指正。

侯刚博士（hougang1982@163.com）就职于广东海洋大学水产学院海洋渔业系。

张辉研究员（zhanghui@qdio.ac.cn）就职于中国科学院海洋研究所海洋生态与环境科学重点实验室。

相关工作得到国家自然科学基金（42090044；31702347）、中国科学院青年创新促进会（2020211）等项目的资助，在此一并致谢。

侯刚　　张辉

2021年5月

南海仔稚鱼的形态描述与身体指标测量说明

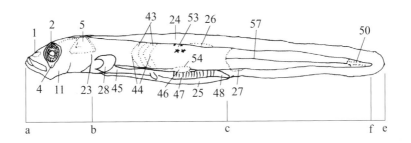

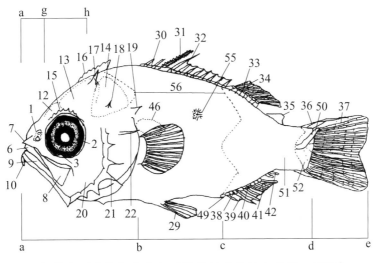

仔稚鱼形态特征名称与测量指标（仿冲山宗雄，1998）

仔稚鱼的各部位名称：

1. 鼻孔，2. 眼球，3. 眼裂，4. 脉络膜组织，5. 听囊，6. 前上颌骨，7. 主上颌骨前段凸起，8. 主上颌骨，9. 下颌骨，10. 须，11. 下颌角，12. 前脑部，13. 中脑部，14. 后脑部，15. 眼上棘，16. 上枕骨棘，17. 头顶棘，18. 翼耳棘，19. 上拧锁棘，20. 前鳃盖骨内缘棘，21. 前鳃盖骨外缘棘，22. 主鳃盖棘，23. 肩带缝合部，24. 背鳍膜，25. 肛门前鳍膜，26. 背鳍原基，27. 臀鳍原基，28. 胸鳍，29. 腹鳍，30. 背鳍棘条部基底，31. 锯齿状背鳍棘，32. 平滑背鳍棘，33. 背鳍软条部基底，34. 背鳍软条，35. 脂鳍，36. 尾鳍前鳍条，37. 尾鳍，38. 臀鳍棘条部基底，39. 臀鳍棘条，40. 臀鳍软条部基底，41. 臀鳍软条，42. 小鳍，43. 肌节，44. 肌隔，45. 消化道，46. 鳔，47. 横纹肌肠道，48. 直肠，49. 肛门，50. 脊索末端，51. 尾柄，52. 尾下骨，53. 体表黑色素，54. 内部黑色素，55. 辐射黑色素，56. 肛门前肌节，57. 尾部肌节。

仔稚鱼各部位测量指标：

全长（a–e）：从吻端到尾部末端的水平距离。

体长（a–d）：从吻端到尾椎骨末端的长度。

脊索长（a–f）：从吻端到脊索末端的水平距离，一般用于弯曲前期。

肛前距（a–c）：从吻端到肛门前段的水平距离。

头长（a–b）：从吻端到鳃盖骨末端的水平距离。

吻长（a–g）：从吻端到眼睛前缘的水平距离。

眼径（g–h）：眼睛最外缘的水平距离。

体高：腹鳍基底到背鳍基底最宽的垂直距离。

目 录 CONTENTS

一 海鲢目 Elopiformes ······················ 1

二 鳗鲡目 Anguilliformes ·················· 3

三 鲱形目 Clupeiformes ··················· 6

四 鼠鱚目 Gonorynchiformes ··············· 13

五 鲤形目 Cypriniformes ··················· 15

六 巨口鱼目 Stomiiformes ················· 17

七 仙女鱼目 Aulopiformes ················· 22

八 灯笼鱼目 Myctophiformes ··············· 25

九 鳕形目 Gadiformes ··················· 45

十 鲻形目 Mugiliformes ·················· 47

十一 银汉鱼目 Atheriniformes ··············· 53

十二 颌针鱼目 Beloniformes ··············· 55

十三 金眼鲷目 Beryciformes ··············· 64

十四 刺鱼目 Gasterosteiformes ············· 66

十五 鲉形目 Scorpaeniformes ·············· 68

十六 鲈形目 Perciformes ·················· 74

十七 鲽形目 Pleuronectiformes ············· 216

十八 鲀形目 Tetraodontiformes ············· 228

参考文献 ··························· 230

海鲢目 Elopiformes

海鲢科 Elopidae

海鲢属 *Elops* Linnaeus, 1766

>>> 大眼海鲢 *Elops machnata*（Forsskål, 1775）

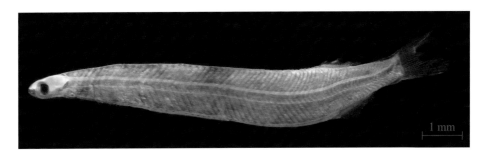

标本号：XWZ4；采集时间：2013-05-05；

采集海域：徐闻角尾海域，418渔区，20.225°N，109.994°E

中文别名：海鲢

英文名：Tenpounder

形态特征：

该标本为全长10.61 mm、体长9.46 mm的大眼海鲢仔鱼，处于弯曲后期，尾部末端脊索向上弯曲，身体呈柳叶状，各部位鳍条发育良好。头小，头长为体长的10.31%。口裂小，未延伸至眼的下部，吻长为头长的28.21%。眼小，近圆形，眼径为头长的27.72%。肛门开口于身体后部，肛前距为体长的82.99%。体高（在身体后部为最高）为体长的14.30%，然后向头部逐渐下降。背鳍起点在肛门开口之前[①]，背鳍鳍条18条；臀鳍起点在背鳍约1/2处[②]，臀鳍基底具6/7个[③]点状黑色素斑，鳍条21条。肌节可计数，为48+19[④]。

保存方式：甲醛

DNA条形码序列：

GCACTAAGCCTCCTGATCCGAGCCGAATTAAGCCAACCCGGGGCGCTTCTGGGAGACGACCAGATTTATAATGTCATCGTCACAGCACACGCCTTTGTAATAATCTTCTTTATAGTAATGCCAATCATAATTGGTGGCTTTGGAAACTGACTGATCCCTCTCATGATCGGAGCCCCTGACATGGCGTTTCCCCGAATAAATAATATAAGCTTCTGACTTCTACCACCCTCTTTCCTGCTGCTGTTGGCCTCTTCTGGGGTGGAAGCAGGAGCGGGAACCGGATGAACCGTCTATCCGCCCCTGGCGGGAAACCTCGCCCACGCAGGAGCATCCGTCGACCTAACCATCTTCTCCCTCCACCTTGCAGGTGTGTCTTCTATCCTGGGTGCTATCAACTTTATTACTACAATTATTAACATGAAACCGCCAGCAATAACACAATACCAAACGCCACTATTCGTTTGAGCAGTACTGATCACCGCCGTTCTTCTCCTCCTATCGCTGCCAGTGCTAGCTGCTGGCATCACAATGCTGTTAACAGACCGAAACCTGAACACAACCTTCTTTGACCCGGCGGGCGGAGGAGACCCAATCCTTTACCAAC

---

①② 指鱼体侧面观，垂直方向。全书同。
③ 仔稚鱼处于动态发育期，色素斑计数有浮动；"/"代表"或"。全书同。
④ 两段法计数：肛门前肌节数+肛门后肌节数。全书同。

鳗鲡目 **Anguilliformes**

康吉鳗科 Congridae

美体鳗属 *Ariosoma* Swainson, 1838

>>> **穴美体鳗** *Ariosoma anago*（Temminck & Schlegel, 1846）

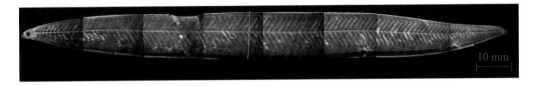

10 mm

标本号：GDYH10；采集时间：2015-04-24；

采集海域：汕尾外海，327渔区，22.250°N，115.150°E

中文别名：麻鱼、海麻、沙鳗、穴子鳗

英文名：Silvery conger

形态特征：

该标本为全长137.85 mm、体长136.80 mm的穴美体鳗仔鱼，身体修长，柳叶状。头小，头长为体长的2.96%，头高为体长的2.10%，体高为体长的9.32%。口前位，口裂至眼中部下方，吻短小，吻长为头长的32.10%。上、下颌约等长，具牙。眼小，圆形，眼径为头长的31.48%。肛门位于身体后部，肛前距为体长的69.18%。肌节可计数，为72+39。

保存方式：甲醛

DNA条形码序列：

GCCCTTAGCCTTTTAATCCGAGCTGAGCTCAGTCAACCCGGGGCCCTCCTTGGGGACGAC
CAGATTTACAATGTTATTGTCACCGCACATGCATTCGTTATAATTTTCTTTATAGTAATGCCCGTAA
TGATCGGGGGCTTTGGAAACTGATTAGTGCCCATAATAATTGGAGCACCTGATATAGCATTCCCA
CGAATAAACAACATAAGTTTCTGATTATTACCCCCCTCGTTTTTACTTCTATTAGCATCCTCTGGG
GTCGAAGCTGGAGCGGGTACAGGATGAACTGTTTACCCACCTTTAGCTGGAAACCTTGCACAT
GCAGGCGCATCTGTAGATCTTACTATCTTTTCTTTGCATTTGGCCGGTGTATCTTCAATTTTAGGG
GCTATTAATTTTATTACTACTATTGTTAATATGAAGCCCCCAGCTATTTCACAATATCAAACCAGCC
TCTTTGTCTGATCTGTACTGGTAACTGCTGTACTACTACTATTATCCTTACCAGTACTAGCTGCAG
GGATTACAATACTACTCACCGATCGAAACTTAAACACGACCTTTTTCGACCCAGCTGGGGGAGG
GGACCCAATCCTCTATCAGC

颌吻鳗属 *Gnathophis* Kaup, 1860

>>> **异颌颌吻鳗** *Gnathophis heterognathos*（Bleeker, 1858—1859）

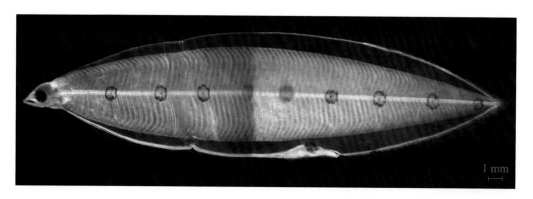

标本号：GDYH15；采集时间：2015-04-17；

采集海域：文昌外海，470渔区，19.250°N，111.750°E

中文别名：麻鱼、海鳗、沙鳗

英文名：Conger

形态特征：

该标本为全长34.12 mm、体长33.55 mm的异颌颌吻鳗仔鱼，身体延长，侧扁，柳叶状。头小，头长为体长的7.83%，头高为体长的5.30%，体高为体长的25.58%。口上位，下颌长于上颌，具牙；口裂至眼下方；吻长为头长的32.38%。眼大，近圆形，眼径为头长的38.24%。肛门位于身体后部，肛门具1个大型梅花状黑色素斑，肛前距为体长的60.74%。消化道位于体中后部，未发育完全。身体透明，体中轴有9个明显的梅花状棕黑色素斑。背鳍褶厚而透明，从头部后缘一直延伸到尾部；臀鳍鳍褶从下颌后方开始延伸到尾部。肌节可计数，为55+46。

保存方式：甲醛

DNA条形码序列：

GCACTAAGCCTTTTAATCCGAGCTGAACTCAGTCAACCCGGGGCACTTCTTGGAGATGAC
CAGATTTATAATGTCATCGTCACAGCACATGCTTTCGTAATAATTTTCTTTATAGTAATGCCAGTG
ATGATTGGTGGGTTCGGTAATTGGCTTGTACCGCTGATAATTGGCGCGCCTGATATAGCATTTCCT
CGTATGAATAATATAAGTTTTTGATTACTACCTCCATCATTCTTACTTCTATTAGCGTCATCAGGCG
TAGAGGCTGGAGCTGGCACTGGATGAACTGTATACCCCCCATTAGCCGGAAATTTAGCACACGC
CGGGGCATCCGTTGATTTAACCATTTTCTCACTACACCTCGCAGGTGTTTCATCCATCTTAGGGG
CTATTAACTTCATCACCACAATTCTAAACATAAAACCCCCAGCAATTACACAATACCAAACCCCC
CTATTCGTATGGGCCGTCCTCGTAACAGCAGTGCTCCTCCTCCTATCTCTTCCAGTACTAGCAGC
TGGTATTACAATACTATTAACAGACCGAAATTTAAACACAACATTTTTTGACCCTGCCGGAGGA
GGAGACCCGATCCTCTACCAAC

三 鲱形目 Clupeiformes

鳀科 Engraulidae

半棱鳀属 *Encrasicholina* Fowler, 1938

>>> 尖吻半棱鳀 *Encrasicholina heteroloba*（Rüppell, 1837）

标本号：XWZ54；采集时间：2013-09-25；

采集海域：徐闻角尾海域，418渔区，20.225° N，109.994° E

中文别名：鲚仔、白鳁

英文名：Shorthead anchovy

形态特征：

　　该标本为全长27.28 mm、体长23.25 mm的尖吻半棱鳀稚鱼，身体修长，侧扁。体高为体长的12.80%，头长为体长的12.37%，头高为体长的12.31%。口下位，口裂达眼前部下方；上颌长于下颌，吻长为头长的20.56%。眼中等大，近圆形，眼径为头长的28.07%。鳃盖骨上方具1个黑色素斑，肩带缝合部具1个块状黑色素斑。下颌后方到隅角有4个块状黑色素斑。背鳍起始于身体中后部，鳍条12条；第一背鳍起点至吻距离为体长的54.84%。腹囊前缘具1个线状黑色素斑。消化道细长，胸鳍后方到腹鳍上方的消化道上有8个点状黑色素斑，于其后部上方有5个黑色素斑排成一排。肛门右上方有1个三角形色素斑。肛门位于身体中部靠后，肛前距为体长的62.77%。臀鳍呈倒三角状，鳍条可计数，为13条；从臀鳍基底开始到尾柄上分布有24个点状黑色素斑。尾鳍叉形，尾鳍中叶分布数个白色小点。肌节可计数，为22+19。

保存方式：甲醛

DNA条形码序列：

GCACTTAGCTTACTAATTCGAGCAGAATTAAGCCAACCAGGAGCGCTGCTAGGAGACGAC
CAAATTTACAATGTAATCGTTACCGCACATGCATTCGTAATAATTTTCTTTATAGTAATGCCAATC
CTTATTGGGGGGTTTGGTAACTGATTAGTGCCCCTAATACTAGGGGCTCCAGACATGGCATTCCC
CCGAATAAATAATATGAGCTTCTGACTTCTACCCCCATCTTTTCTTCTTCTTCTTGCCTCTTCTGG
CGTTGAAGCAGGTGCGGGAACAGGGTGGACAGTGTACCCCCCATTAGCCGGTAATTTAGCTCA
CGCGGGAGCATCCGTAGATTTAACAATCTTTTCACTCCACTTGGCCGGAATCTCTTCAATTCTAG
GGGCCATCAATTTTATTACTACTATTATTAACATAAAACCACCTGCCATTTCGCAATATCAAACAC
CCCTGTTTGTCTGAGCTGTATTGATTACGGCAGTACTTTTACTCCTCTCTACCAGTGTTAGCTG
CTGGAATTACTATGCTTCTTACAGACCGTAACCTAAACACTACTTTCTTTGACCCAGCAGGAGG
GGGAGACCCCATCCTTTATCAAC

>>> **银灰半棱鳀** *Encrasicholina punctifer* Fowler, 1938

标本号：BBWZ93；采集时间：2013-11-06；
采集海域：北部湾海域，467渔区，19.063° N，108.189° E

中文别名：刺公鳀

英文名：Buccaneer anchovy

形态特征：

该标本为全长8.51 mm、体长8.10 mm的银灰半棱鳀仔鱼，处于弯曲期。身体细长，体高为体长的16.37%。头小，头长为体长的10.69%，头高为体长的9.91%。口斜位，下颌略长于上颌，口裂达眼中部的下方；吻尖，吻长为头长的27.55%，眼大，近圆形，眼径为头长的41.36%。肛门位于身体后部，肛前距为体长的79.90%。胸鳍出现，较小；鳔明显，位于消化道前部。消化道细长，占体长的59.84%。背鳍原基出现，背鳍起点到吻端距离为体长的69.26%。腹鳍、臀鳍、尾鳍发育中。肌节可计数，为30+8/9[①]。

保存方式：甲醛

DNA条形码序列：

GCACTAAGCTTGTTAATTCGAGCAGAACTAAGCCAACCAGGGGCACTCCTAGGGGACGAT
CAGATTTACAATGTGATTGTCACCGCCCATGCGTTCGTAATAATTTTTTTTATGGTTATACCAATT
TTGATCGGAGGCTTTGGCAACTGATTAGTGCCCCTTATACTAGGGGCCCCAGACATGGCATTCC
CTCGGATAAATAACATGAGCTTTTGACTTCTCCCCCCTTCTTTCCTTCTTCTGCTTGCATCATCTG
GTGTTGAAGCAGGGGCTGGTACAGGATGGACAGTGTACCCACCATTAGCGGGTAATCTGGCCC
ATGCAGGGGCGTCAGTAGACTTAACCATCTTCTCTCTTCATTTAGCAGGTATTTCATCAATTCTG
GGGGCTATTAATTTTATTACCACCATTATTAACATGAAACCGCCAGCCATCTCACAATACCAGAC
ACCTCTATTTGTCTGAGCTGTATTAATTACAGCAGTACTTTTACTACTCTCTCTCCCAGTTCTGGC
TGCAGGAATTACTATGCTTCTTACAGACCGAAACCTAAATACCACCTTCTTTGACCCAGCAGGT
GGAGGTGATCCTATTCTTTATCAGC

侧带小公鱼属 *Stolephorus* Lacepède, 1803

>>> 韦氏侧带小公鱼 *Stolephorus waitei*（Jordan & Seale, 1926）

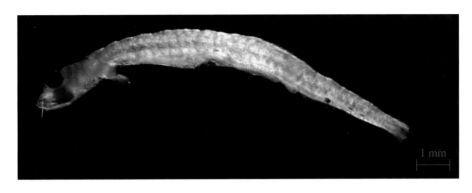

标本号：BBWZ1402；采集时间：2014-02-14；

采集海域：北部湾海域，443渔区，19.895° N，108.207° E

中文别名：小公鱼、公鱼仔

英文名：Spotty-face anchovy

形态特征：

该标本为全长11.20 mm、体长10.90 mm的韦氏侧带小公鱼仔鱼，处于弯曲期。身体细长，体高为体长的18.75%，头中等大，头长为体长的8.89%，头高为体长的9.26%。口斜位，口裂达眼中部的下方，吻长为头长的27.61%。眼大，近圆形，眼径为头长的29.37%。消化道细长，肛门位于身体后部，肛前距为体长的70.74%。背鳍发育中，鳍条不可计数；第一背鳍起点至吻端距离为体长的62.77%。臀鳍基底上方具1个大型色素斑和2个细线状小色素斑。肌节不可计数。

保存方式：甲醛

DNA条形码序列：

GCACTCAGCCTTCTCATTCGAGCGGAACTGAGCCAACCCGGAGCACTTCTGGGGGACGA
TCAAATTTATAATGTAATCGTAACCGCCCATGCATTTGTAATAATTTTCTTCATGGTTATGCCAATC

CTGATCGGAGGATTTGGAAACTGACTGGTCCCCCTTATGTTGGGGGCACCTGATATGGCCTTCC
CCCGAATGAACAACATGAGCTTTTGGCTCTTGCCCCCTTCCTTCCTTCTTCTCCTAGCATCCTCA
GGTGTTGAAGCTGGTGCAGGGACAGGATGAACTGTCTACCCGCCCCTGGCAGGCAATCTAGCC
CACGCAGGAGCATCAGTAGACTTAACCATCTTTTCTCTTCACTTGGCGGGTATTTCGTCTATTCT
AGGGGCTATCAACTTCATTACTACAATTATTAATATGAAACCCCCTGCTATTTCACAATATCAAAC
CCCATTATTTGTCTGAGCCGTATTAATTACAGCAGTACTGTTACTCCTATCATTACCAGTCTTAGC
TGCCGGAATTACAATGCTTCTTACGGATCGAAATCTAAACACTACTTTCTTCGATCCCGCTGGAG
GAGGAGACCCGATTCTCTACCAAC

棱鳀属 *Thryssa* Cuvier, 1829

>>> 赤鼻棱鳀 *Thryssa kammalensis*（Bleeker, 1849）

标本号：XWZ220；采集时间：2014-04-18；
采集海域：徐闻角尾海域，418渔区，20.225° N，109.994° E

中文别名：赤鼻、黄姑、突鼻仔、含西

英文名：Kammal thryssa

形态特征：

该标本为全长20.73 mm、体长17.95 mm的赤鼻棱鳀稚鱼。身体细长，体高为体长的9.79%。头中等大，头长为体长的16.87%，头高与体高相近，为体长的9.34%。口斜位，口裂达眼中部的下方，下颌略长于上颌，吻长为头长的25.90%。眼中等大，圆形，眼径为头长的31.25%。肛门位于身体中后部，肛前距为体长的62.50%。背鳍起始于体中部，尚在发育，鳍条13条；背鳍起点至吻端距离为体长的56.17%。

从前鳃盖骨后方开始，腹囊上方有11个黑色点状色素斑排列成一排，腹中部有7个大小不一的点状黑色素斑分布。腹鳍、臀鳍发育中；尾鳍呈叉形。肌节可计数，为28+14。

保存方式：甲醛

DNA条形码序列：

GCACTTAGCCTTTTAATTCGGGCAGAACTAAGCCAGCCCGGAGCACTCCTAGGGGACGAC
CAAATTTATAATGTTATTGTTACTGCCCATGCATTCGTAATAATTTTCTTCATGGTTATACCAATTTT
AATTGGTGGATTCGGAAACTGATTAGTACCGCTTATACTAGGCGCGCCTGATATAGCCTTTCCCC
GAATAAATAACATAAGCTTCTGACTTCTACCACCCTCTTTTCTTCTTTTACTTGCCTCCTCAGGA
GTTGAGGCAGGGGCAGGAACTGGATGAACAGTTTATCCCCCACTAGCAGGAAACCTGGCCCAC
GCAGGAGCCTCAGTAGACCTAACTATTTTTTCACTACACTTAGCTGGTATTTCATCTATTCTCGG
GGCCATTAATTTTATTACTACTATTATTAACATAAAACCACCTGCAATCTCACAATACCAAACACC
TCTGTTCGTCTGAGCTGTGCTGATTACAGCAGTACTTTTACTTCTATCTCTGCCAGTCCTTGCGG
CTGGCATTACAATGCTTCTTACAGACCGAAACCTAAACACCACTTTCTTTGACCCAGCAGGAGG
AGGGGACCCTATTCTTTACCAAC

鲱科 Clupeidae

叶鲱属 *Escualosa* Whitley, 1940

>>> 叶鲱 *Escualosa thoracata*（Valenciennes, 1847）

1 mm

标本号：XWZ43；采集时间：2013-11-25；
采集海域：徐闻角尾海域，418渔区，20.225° N，109.994°E

中文别名：玉鳞鱼、白沙丁

英文名：White sardine

形态特征：

该标本为全长15.20 mm、体长13.01 mm的叶鲋稚鱼，身体修长，薄而半透明。头长为体长的21.12%，头高为体长的10.85%，体高为体长的14.32%。口前位，吻长为头长的24.53%。眼大，近圆形，眼上缘有明显斑状黑色素带，眼径为头长的27.86%。后脑部具1个点状黑色素斑。胃部清晰可见；消化道细长，占体长的50.10%；腹鳍前的消化道上方有1行黑色素小点。腹鳍开始于近中部位置，至吻端的距离为体长的47.22%；其上具1个辐射状黑色素斑和1个点状黑色素斑。肛门位于身体后部，肛前距为体长的77.35%。背鳍位于体中部略后，背鳍起点至吻端距离为体长的59.23%，鳍条可计数，为17条。臀鳍起始于背鳍末端稍后，鳍条21条。每一肌节靠近脊椎位置具有1个黄色小点，肌节可计数，为28+12。

保存方式：甲醛

DNA条形码序列：

GCCCTAAGCCTTCTTATCCGAGCAGAGCTCAGCCAACCCGGAGCACTCCTTGGAGATGAT
CAAATCTATAATGTCATTGTTACTGCACACGCATTCGTTATAATCTTCTTCATGGTTATGCCGATCC
TAATTGGAGGTTTCGGTAATTGACTGGTTCCTCTGATGATTGGGGCGCCTGATATAGCATTCCCA
CGGATGAACAATATGAGCTTCTGACTTCTGCCCCCTTCCTTCCTTCTTCTACTTGCCTCTTCTGG
TGTTGAGGCCGGAGCAGGGACCGGGTGAACAGTGTATCCTCCCCTGTCGGGCAACCTGGCCCA
CGCCGGGGCATCAGTTGACCTGACAATCTTCTCCCTCCACCTAGCAGGGATTTCATCAATTCTTG
GAGCAATCAACTTCATCACAACGATCATTAACATGAAGCCCCCGCAATTTCCCAGTATCAAAC
ACCCCTGTTCGTTTGATCAGTTCTCGTGACGGCCGTGCTCCTTCTCCTCTCTCCCTGTCCTAG
CCGCAGGGATTACTATGCTTCTTACAGATCGAAATCTAAATACAACCTTCTTCGACCCAGCAGG
AGGAGGGGATCCTATTCTGTACCAGC

四　鼠鱚目 **Gonorynchiformes**

鼠鱚科 Gonorynchidae

鼠鱚属 *Gonorynchus* Scopoli, 1777

>>> 鼠鱚 *Gonorynchus abbreviatus* Temminck & Schlegel, 1846

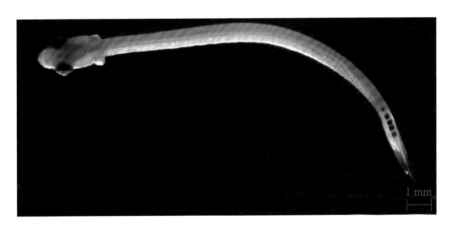

标本号：GDYH886；采集时间：2017-08-30；

采集海域：文昌外海，471渔区，19.450° N，112.100° E

中文别名：老鼠梭、土鳅

英文名：Bighead beaked sandfish

形态特征：

该标本为全长18.47 mm、体长16.96 mm的鼠鱚稚鱼，身体细长。头长为体长的

11.43%，体高为体长的4.42%。口大，吻长为头长的23.68%。眼大，近圆形，眼径为头长的38.70%。头部上方偏后具1个点状黑色素斑。肛门位于身体后部，肛前距为体长的66.76%。背鳍鳍条10/11条①，背鳍起点至吻端距离为体长的66.76%。尾柄上方分布有1个点状黑色素斑和4个方形色素斑。肌节不可计数。

保存方式：甲醛

DNA条形码序列：

GCCCTTAGCCTGTTAATTCGGGCCGAGCTGAGCCAGCCGGGCTCACTACTAGGCGATGAC
CAAATCTATAACGTCATCGTCACAGCACACGCCTTTGTTATAATCTTCTTTATAGTAATACCAATC
CTAATTGGGGGCTTCGGAAATTGACTAATCCCGCTCATGATTGGGGCTCCGACATAGCCTTCC
CCCGAATAAATAACATAAGCTTTTGGCTACTTCCTCCATCTTTCCTTCTTCTTCTGGCTTCGTCCG
GGGTTGAAGCCGGGGCAGGGACAGGATGAACTGTTTATCCCCCTTTAGCTGGCAACCTCGCCC
ACGCAGGGGCCTCAGTAGACCTAACGATTTTCTCCCTCCACCTGGCGGGTATCTCTTCTATTCTA
GGGGCAATTAATTTCATTACAACTATTATTAACATGAAACCCCCAGCCATCTCCCAGTACCAAAC
CCCTCTGTTTGTGTGAGCTGTTTTGATTACGGCAGTACTTCTGCTGCTTTCTCTCCCAGTGTTAG
CTGCGGGGATCACCATGCTTCTTACTGATCGAAACCTAAACACCACCTTCTTCGACCCTGCAGG
AGGGGGGGACCCAATTCTCTACCAAC

---

① 仔稚鱼处于动态发育期，鳍条正在发育，计数有浮动。全书同。

五 鲤形目 Cypriniformes

鲤科 Cyprinidae

赤眼鳟属 *Squaliobarbus* Günther, 1868

>>> 赤眼鳟 *Squaliobarbus curriculus*（Richardson, 1846）

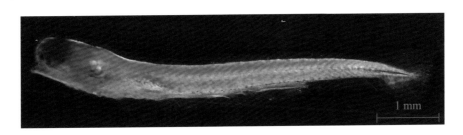

标本号：GDYH1123；采集时间：2017-09-09；

采集海域：珠江口海域，324渔区，22.586° N，113.609° E

中文别名：红眼鱼、参鱼

英文名：Barbel chub

形态特征：

该标本为全长6.50 mm、脊索长6.16 mm的赤眼鳟仔鱼，处于弯曲前期，身体细长。体高为脊索长的9.26%；头小，头长为脊索长的14.75%，头高为脊索长的10.76%。吻小，吻长为脊索长的17.84%，口裂达眼后部的下方。眼大，近圆形，眼径为头长的54.30%。腹囊呈长椭圆形^①，其上部具7个点状黑色素斑。鳔可见。消化道细长，上方有24/25个小点状黑色素斑。肛门开口于身体后部，肛前距为脊索长的72.03%。腹鳍褶和臀鳍褶较窄，透明。肌节可计数，为25+14。

保存方式：甲醛

DNA条形码序列：

GCCCTTAGCCTTCTCATTCGAGCCGAACTAAGCCAACCCGGATCACTTCTGGGCGATGATCAAATTTATAATGTTATTGTCACTGCCCATGCCTTCGTAATAATTTTCTTTATAGTAATACCAATTCTTATCGGAGGGTTTGGAAACTGACTCGTACCACTAATAATTGGAGCACCTGACATAGCATTCCCGCGAATAAATAATATAAGCTTTTGACTCCTGCCCCCCTCTTTCCTCCTTCTACTAGCCTCTTCTGGTGTTGAAGCCGGAGCTGGTACAGGATGAACAGTCTACCCGCCACTCGCAGGCAATCTTGCCCACGCGGGAGCATCCGTAGACCTAACAATTTTCTCACTCCACCTAGCAGGTGTGTCATCAATTTTAGGGGCAATTAACTTCATCACTACAACTATTAACATAAAACCACCAGCCATTTCTCAATACCAAACACCCCTATTTGTTTGAGCCGTACTTGTAACAGCCGTACTTCTCCTCCTGTCCCTGCCAGTCCTAGCTGCCGGAATTACAATGCTCCTTACAGACCGTAATCTTAATACCACATTCTTTGACCCCGCAGGAGGAGGGGACCCAATCCTATACCAAC

---

① 指鱼体侧面观。全书同。

六　巨口鱼目 Stomiiformes

钻光鱼科 Gonostomatidae

圆罩鱼属 *Cyclothone* Goode & Bean, 1883

>>> 勃氏圆罩鱼 *Cyclothone braueri* Jespersen & Tåning, 1926

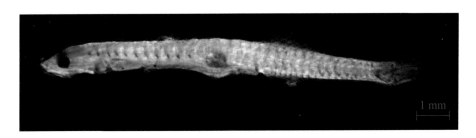

标本号：GDYH32；采集时间：2014–04–20；
采集海域：南海北部陆棚区海域，427渔区，20.250° N，114.083° E

中文别名：暂无

英文名：Garrick

形态特征：

该标本为全长11.58 mm、体长10.72 mm的勃氏圆罩鱼仔鱼，处于弯曲期，身体细长。头小，头长为体长的12.63%，头高与体高相近，头高为体长的8.25%。口斜位，下颌略长于上颌，口裂达眼中部的下方。吻尖，吻长为头长的38.55%。眼大，近圆形，眼径为头长的31.46%。颅顶无色素。消化道细长，肛门位于身体中部靠后，肛前距为体长的61.53%。鳔清晰可见，鳔上方具有1个浅的黑色素斑。从鳃盖骨后方到鳔前方，可见11个黑色素斑。尾鳍前的体节下方具1个黑色素斑。肌节可计数，为16+14。

保存方式：甲醛

DNA条形码序列：

GCCTTAAGCCTTCTCATTCGAGCCGAGCTCAACCAACCCGGCGCCCTTCTGGGCGACGAC
CAAGTCTACAACGTTATCGTTACCGCCCACGCCTTTGTGATGATCTTTTTTATGGTCATGCCAATC
ATGATTGGCGGTTTTGGCAACTGACTAATCCCTCTGATACTGGGGGCTCCCGACATGGCTTTCCC
CCGAATGAACAACATAAGCTTTTGACTACTTCCCCCCTCCTTTTTTCTCTTGCTAGCCTCAGCTG
GCGTAGAGGCAGGCACAGGCACAGGCTGAACTGTGTACCCCCCTCTGGCCAGCAACCTGGCC
CATGCCGGAGCCTCCGTAGACCTAACCATCTTCTCCCTTCACCTTGCCGGCGTCTCTTCGATCCT
CGGCGCAATCAACTTCATCACCACAATTATTAACATGAAGCCCCCCGCCTCAACCCAATATCAG
ACCCCTCTCTTCGTCTGAGCTGTTCTAATTACTGCCGTTCTCCTTCTCCTCTCTGCCCGTCTTG
GCCGCGGGCATCACAATGCTTCTGACTGACCGGAACTTAAACACCTCCTTTTTCGACCCTGCCG
GAGGGGGCGACCCGATCCTCTACCAAC

>>> 苍圆罩鱼 *Cyclothone pallida* Brauer, 1902

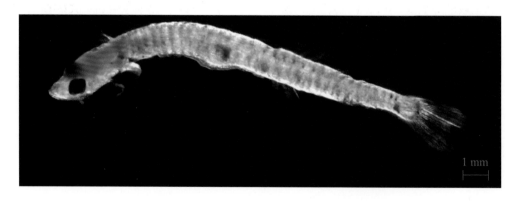

标本号：GDYH53；采集时间：2015-04-17；

采集海域：文昌外海，447渔区，19.750° N，111.750° E

中文别名：圆罩鱼

英文名：Tan bristlemouth

形态特征：

该标本为全长18.45 mm、体长16.34 mm的苍圆罩鱼稚鱼，身体细长。头小，头长为体长的19.46%，头高为体长的9.04%，体高为体长的8.69%。口斜位，下颌略长于上颌，口裂达眼前部的下方；吻尖，吻长为头长的24.93%。眼大，近圆形，眼径为头长的27.98%。消化道细长，肛门位于身体中后部，肛前距为体长的62.77%。尾柄处有3个色素斑。尾鳍近叉形。肌节可计数，为15+14。

保存方式：甲醛

DNA条形码序列：

GCTTTAAGCCTCCTCATCCGAGCGGAGCTAAATCAACCCGGGGCCCTTTTAGGGGACGAC
CAAGTGTACAACGTTATCGTCACTGCCCATGCTTTTGTAATAATCTTTTTTATGGTAATACCCATC
ATAATTGGAGGTTTTGGAAACTGACTAATCCCCCTCATGCTGGGTGCCCCTGACATGGCTTTCCC
CCGGATAAACAACATAAGCTTTTGACTACTCCCCCCCTCCTTTTTCCTTTTGCTAGCCTCAGCCG
GAGTAGAAGCAGGCGCAGGCACAGGATGGACCGTCTACCCCCCCCTTGCTGGTAATCTAGCGC
ATGCTGGAGCCTCGGTAGACCTAACCATCTTCTCCCTCCACCTGGCCGGTGTTTCATCAATCCTG
GGCGCAATCAACTTCATTACAACAATTATTAATATGAAGCCCCCGCCTCAACGCAATACCAGA
CCCCCCTTTTCGTCTGAGCAGTCCTTATTACAGCAGTCCTTCTCCTTCTCTCACTACCAGTCTTA
GCCGCAGGGATCACTATACTCCTCACTGACCGCAACCTGAATACTTCTTTCTTCGACCCGGCCG
GTGGTGGCGACCCAATTCTTTACCAAC

巨口光灯鱼科 Phosichthyidae

串光鱼属 *Vinciguerria* Jordan & Evermann, 1896

>>> 串光鱼 *Vinciguerria* sp.

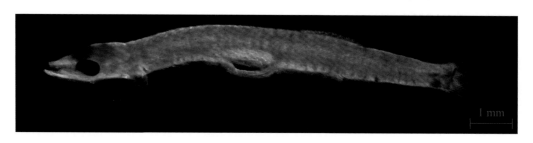

1 mm

标本号：DSZ69；采集时间：2014-04-09；

采集海域：东沙群岛北部海域，349渔区，21.750°N，116.250°E

中文别名：无

英文名：Oceanic lightfish

形态特征：

该标本为全长10.83 mm、体长9.78 mm的串光鱼仔鱼，处于弯曲后期，身体细长。头小，头长为体长的21.17%，头高与体高相近，体高为体长的9.20%。口斜位，口裂达眼前部的下方，下颌长于上颌；吻尖，吻长为头长的36.23%。眼大，椭圆形，眼长径为头长的28.26%。消化道细长，肛门位于身体后部，肛前距为体长的72.09%。鳔清晰可见。背鳍位于身体后方，背鳍起点至吻端距离为体长的61.66%。背鳍鳍条为12条。臀鳍起点开始于背鳍后方，臀鳍鳍条可计数，为9条。尾柄下方具1个大黑色素斑。尾鳍基底具有1个线状黑色素斑。肌节可计数，为26+11。

保存方式：甲醛

DNA条形码序列：

GCCCTGAGTCTTCTTATCCGGGCAGAGTTAAGCCAGCCCGGGGCTCTCCTTGGTGATGAC

CAAATTTATAATGTAATCGTAACTGCGCACGCTTTCGTGATGATTTTCTTCATAGTAATACCTTTA
ATGATTGGAGGCTTCGGCAACTGGCTGATCCCCCTAATGATTGGGGCCCCCGACATGGCTTTCC
CACGAATAAACAATATGAGCTTCTGGCTCCTCCCCCCTTCCTTCCTTCTCCTCTTGGCATCATCA
GGTGTTGAGGCAGGGGCCGGAACAGGGTGAACTGTCTACCCCCCTTTGGCAGGCAATCTCGCG
CATGCGGGAGCCTCAGTAGACCTAACCATCTTTTCTCTTCATTTAGCGGGCATCTCATCCATTCT
GGGGGCCATCAATTTTATCACGACTATTATCAATATGAAGCCCCCTGCAATTTCACAGTACCAGA
CCCCCTTATTTGTCTGAGCAGTTTTAGTCACAGCGGTTCTCCTACTTCTCTCTCTCCCCGTCCTG
GCTGCCGGTATCACTATGCTACTCACAGACCGAAATCTTAACACGACATTCTTTGACCCTGCCG
GGGGAGGAGACCCCATTCTCTACCAAC

七 仙女鱼目 Aulopiformes

狗母鱼科 Synodontidae

龙头鱼属 *Harpadon* Lesueur, 1825

>>> 龙头鱼 *Harpadon nehereus*（Hamilton, 1822）

1 mm

标本号：BBWZ66；采集时间：2014-11-02；
采集海域：斜阳岛海域，390渔区，20.995° N，109.199° E

中文别名：豆腐鱼、虮鱼、流鼻鱼、水狗母

英文名：Bombay duck

形态特征：

该标本为全长19.38 mm、体长17.82 mm的龙头鱼仔鱼，处于弯曲后期，身体修长。头小，头长为体长的16.00%；头高与体高相近，头高为体长的12.12%，体高为体长的12.29%。口前位，吻圆钝，口裂达眼中后部的下方，吻长为头长的32.63%。眼中等大，椭圆形，眼长径为头长的30.53%。鳃盖骨下方的隅角上方具1个浅黑色素斑。腹部具6个圆的浅黑色素斑。消化道细长，肛门位于身体后部，肛前距为体长的71.38%。腹鳍发达，鳍条可计数，为9条。臀鳍鳍条可计数，为11条。尾鳍截形，半透明。肌节可计数，为28/29+12。

保存方式：甲醛

DNA条形码序列：

GCCCTGAGCCTTTTGATCCGTGCTGAGCTGAGCCAGCCGGGGGCCCTGCTCGGTGACGAT
CAAATTTACAACGTAATCGTTACTGCCCACGCCTTCGTAATAATTTTCTTTATAGTAATGCCAATT
ATGATCGGGGGCTTTGGAAATTGACTCATTCCCCTGATGATCGGTGCCCCCGATATGGCGTTTCC
CCGAATGAATAACATAAGCTTTTGACTCCTCCCACCCTCTTTCCTTCTTCTCTTGGCATCATCGG
GAGTCGAAGCAGGGGCTGGAACCGGCTGAACAGTCTATCCTCCGTTAGCGGGAAACCTTGCTC
ACGCCGGGGCCTCTGTAGATCTAACCATCTTCTCGCTACACTTGGCTGGGATTTCCTCTATTTTG
GGAGCCATTAATTTTATTACGACAATTATCAATATAAAACCTCCCGCCATTTCACAATACCAGAC
ACCCCTCTTTGTTTGGGCTGTACTGATTACGGCTGTCCTTCTCCTCCTCTCCTTACCCGTTCTTGC
AGCCGGAATCACAATGCTCTTAACTGATCGAAATCTTAATACCACCTTCTTTGACCCTGCAGGG
GGCGGCGATCCCATCCTCTATCAGC

大头狗母鱼属 *Trachinocephalus* Gill, 1861

>>> **大头狗母鱼 *Trachinocephalus myops*（Forster, 1801）**

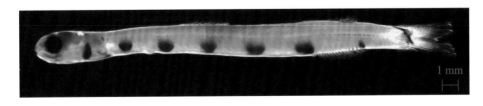

1 mm

标本号：GDYH352；采集时间：2015-09-18；
采集海域：东沙群岛海域，376渔区，21.294° N，116.458° E

中文别名：丁公、狗公、狗母

英文名：Snakefish

形态特征：

该标本为全长26.44 mm、体长23.64 mm的大头狗母鱼稚鱼，身体细长，体高为体长的9.35%。头小，头长为体长的14.83%；头高与体高相近，头高为体长的9.04%。口前位，吻小，吻长为头长的18.76%，口裂达眼中部的下方。眼大，近圆形，眼径为头长的30.45%。鳃盖骨后方有1个梨形黑色素斑；躯干上侧线下方至肛门处具5个近圆形黑色素斑。肛门开口于身体后部，肛前距为体长的74.28%。第一背鳍可计数鳍条为10条，第一背鳍起点至吻的距离为体长的39.40%；脂鳍位于臀鳍后方对应的上方。臀鳍基底长于第一背鳍基底长。腹鳍芽位于第三块大色素斑的前部。臀鳍鳍条可计数，为14条；臀鳍上方体侧中轴线上有19/20个小星状黑色素斑，排成一列；臀鳍后上方有1个黑色素斑。尾鳍基底有1个条状黑色素斑。肌节可计数，为34+16。

保存方式：甲醛

DNA条形码序列：

GCTTTAAGCCTTTTGATTCGAGCCGAGCTGAGCCAGCCCGGAGCCCTTCTAGGAGACGAC
CAAATTTACAATGTAATCGTCACGGCCCATGCCTTCGTAATAATCTTTTTTATAGTAATACCAATC
ATGATCGGGGGCTTCGGCAACTGACTTATTCCTTTAATAATTGGTGCCCCGGACATGGCTTTTCC
CCGAATGAACAACATGAGCTTTTGACTTCTGCCTCCATCCTTTCTTCTCCTCCTGGCTTCGTCTG
GCGTAGAAGCTGGTGCAGGCACCGGGTGAACAGTTTACCCGCCCCTGGCGGGCAACCTGGCC
CATGCAGGTGCTTCGGTAGATCTAACTATTTTTTCTCTCCATCTAGCGGGGATCTCATCTATTCTT
GGCGCCATCAACTTTATCACAACCATCATTAACATAAAACCCCCTTCGATTACTCAGTATCAGAC
TCCTTTGTTTGTCTGGGCCGTCTTGATTACTGCCGTACTTCTTTTGCTTTCTCTTCCCGTCCTGGC
AGCAGGAATCACTATGCTCCTAACCGACCGCAACTTGAACACCACATTTTTTGACCCCGCAGGC
GGGGGAGACCCTATCTTATACCAGC

灯笼鱼目 Myctophiformes

灯笼鱼科 Myctophidae

虹灯鱼属 *Bolinichthys* Paxton, 1972

>>> 眶暗虹灯鱼 *Bolinichthys pyrsobolus*（Alcock, 1890）

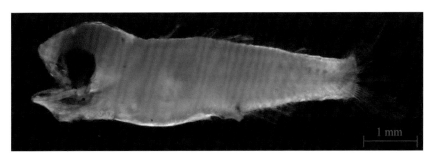

标本号：BBWZ763；采集时间：2014-09-28；

采集海域：文昌外海，449渔区，19.731° N，112.720° E

中文别名：灯笼鱼、七星鱼、光鱼

英文名：Fiery lanternfish

形态特征：

该标本为全长6.99 mm、体长6.05 mm的眶暗虹灯鱼仔鱼，处于弯曲期，身体纺锤形。头长为体长的32.15%，体高为体长的28.00%。口前位，吻部正常[①]、短小，

[①] 吻部正常是指没有其他附属结构。全书同。

吻长为头长的25.40%；口裂大，达眼后缘的下方。眼大，近圆形，眼径为头长的36.66%。肛门位于身体中部靠后，肛前距为体长的63.22%。腹囊长梭形，肛门上方具1个黑色素斑。腹部未见发光器发育。肌节不可计数。

保存方式：甲醛

DNA条形码序列：

GCTCTAAGCCTCCTTATCCGGGCTGAACTCAGCCAACCTGGAGCCCTTCTGGGCGATGAT CAAATTTATAACGTAATCGTGACAGCTCACGCTTTTGTAATGATTTTCTTTATGGTAATGCCGCTC ATGATCGGAGGATTTGGAAACTGACTTGTCCCACTTATGATCGGTGCCCCTGACATGGCATTCC CACGAATAAACAACATGAGCTTCTGACTGCTCCCACCATCTTTCCTTCTCCTCCTAGCCTCCTCT GGCATTGAAGCCGGGGCTGGTACAGGCTGAACAGTCTACCCTCCGCTTGCTGGTAATCTTGCCC ACGCAGGTGCCTCTGTAGACTTAACAATCTTTTCACTCCACCTAGCAGGCATTTCCTCAATCCTT GGGGCCATTAATTTCATTACAACTATTATTAATATGAAACCACCGGCAACCACGCAATTCCAGAC CCCACTATTTGTGTGAGCGGTACTAATTACGGCTGTTCTGCTTCTCCTTTCTCTTCCCGTTCTTGC AGCGGGCATTACCATGCTTCTAACAGACCGAAACCTAAACACCACCTTCTTCGACCCTGCGGGC GGGGGTGACCCAATTCTGTACCAAC

>>> 虹灯鱼 *Bolinichthys* sp.

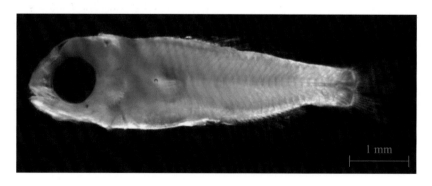

标本号：GDYH62；采集时间：2015-04-17；
采集海域：文昌外海，447渔区，19.917°N，111.750°E

中文别名：灯笼鱼、七星鱼、光鱼

英文名：Popeye lampfish

形态特征:

该标本为全长6.28 mm、体长5.58 mm的虹灯鱼仔鱼,处于弯曲期,身体纺锤形。头长为体长的30.02%,体高为体长的27.21%。口前位,吻部正常、短小,吻长为头长的23.39%;口裂达眼前部的下方。眼大,圆形,眼径为头长的45.53%,眼下方具1个点状黑色素斑。肛门位于身体中后部,肛前距为体长的63.35%。腹囊长梭形,肛门上方无黑色素斑。腹部未见发光器发育。肌节可计数,为15+18。

保存方式:甲醛

DNA条形码序列:

GCTCTAAGCCTCCTTATCCGGGCTGAACTCAGCCAACCTGGAGCCCTTCTGGGCGATGAT
CAGATTTATAACGTAATCGTAACAGCTCACGCTTTCGTAATGATTTTCTTTATGGTAATGCCTCTT
ATGATCGGGGGATTCGGAAACTGACTAATCCCACTAATGATCGGTGCCCCCGACATGGCATTCC
CGCGAATAAATAATATGAGCTTCTGACTACTTCCGCCATCATTCCTTCTTCTCCTAGCCTCATCTG
GCATTGAAGCCGGGGCTGGTACTGGCTGAACAGTCTACCCTCCACTTGCCGGCAATCTTGCCCA
CGCAGGTGCCTCTGTAGACCTAACAATCTTTTCGCTTCACTTAGCGGGTATTTCCTCAATCCTTG
GGGCTATCAACTTTATTACCACAATTATTAACATAAAACCACCGGCAACAACCCAATTCCAGAC
CCCACTGTTCGTATGGGCAGTACTGATTACGGCTGTTCTCCTCCTTCTATCCCTTCCCGTCCTTGC
AGCAGGTATTACTATGCTCCTAACGGACCGAAACCTAAACACAACCTTCTTCGACCCTGCAGGA
GGAGGGGACCCAATTCTGTACCAAC

角灯鱼属 *Ceratoscopelus* Günther, 1864

>>> 瓦明氏角灯鱼 *Ceratoscopelus warmingii*（Lütken, 1892）

标本号：GDYH31；采集时间：2015–04–20；

采集海域：南海北部陆棚区海域，427渔区，20.250° N，114.083° E

中文别名：瓦氏角灯鱼、灯笼鱼、七星鱼、光鱼

英文名：Warming's lanternfish

形态特征：

该标本为全长7.33 mm、体长6.21 mm的瓦明氏角灯鱼仔鱼，处于弯曲期，身体纺锤形。头长为体长的27.55%，体高为体长的22.91%。口前位，吻部正常、短小，吻长为头长的34.60%；口裂大，达眼中部的下方。眼大，近圆形，眼径为头长的37.46%。肛门位于身体中部靠后，肛前距为体长的60.09%。鳔清晰可见，肠道管状，呈"⌄"形，在鳔后上方具1个点状黑色素斑，肛门上方具1个大型黑色素斑。背鳍鳍条尚在发育中；臀鳍鳍条已发育，具12/13条软鳍条，最后2条之上的肌体开始发育黑色素斑。腹部未见发光器发育。肌节可计数，为14+（19~21）。

保存方式：甲醛

DNA条形码序列：

GCTTTAAGCCTGCTTATTCGGGCTGAACTCAGCCAACCTGGAGCCCTTCTGGGTGATGATC

AAATCTATAACGTAATCGTTACAGCTCACGCTTTCGTCATGATTTTCTTCATGGTAATGCCTCTTA

TGATCGGAGGGTTCGGAAACTGACTTATCCCCCTTATGATCGGGGCCCCGACATGGCATTCCC

GCGAATGAACAACATGAGCTTCTGACTCCTTCCGCCTTCATTCCTTCTTCTCCTGGCCTCCTCTG

GCGTTGAAGCTGGTGCAGGTACTGGCTGAACAGTCTACCCTCCCCTAGCGGGCAACCTCGCCC

ACGCGGGGGCCTCTGTAGACCTAACAATTTTCTCACTCCATCTAGCTGGTATTTCATCAATTCTA

GGGGCCATTAACTTTATTACTACTATTATTAATATGAAACCCCCAGCAACTACTCAATTCCAAAC

ACCTCTGTTTGTCTGAGCAGTATTAATTACCGCCGTTCTGCTCCTCCTCTCCCTGCCTGTTCTGG

CCGCCGGAATTACGATGCTCTTAACAGACCGAAACCTAAACACAACCTTCTTCGACCCCGCAG

GAGGTGGTGACCCCATTCTGTACCAAC

眶灯鱼属 *Diaphus* Eigenmann & Eigenmann, 1890

>>> 金鼻眶灯鱼 *Diaphus chrysorhynchus* Gilbert & Cramer, 1897

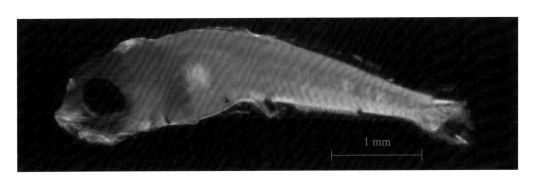

标本号：GDYH883；采集时间：2017-08-29；
采集海域：文昌外海，448渔区，19.967° N，112.067° E

中文别名：灯笼鱼、七星鱼、光鱼

英文名：Golden-nosed lanternfish

形态特征：

该标本为全长4.73 mm、体长4.58 mm的金鼻眶灯鱼仔鱼，处于弯曲期，身体纺锤形。头长为体长的26.69%，体高为体长的21.21%。口前位，吻部正常、短小，吻长为头长的34.60%；口裂大，达眼中部的下方。眼大，近圆形，眼径为头长的34.12%。肛门位于身体中部靠后，肛前距为体长的53.36%。鳔清晰可见，肠道管状，中部具1个辐射状黑色素斑，肛门上方具1个大型黑色素斑。背鳍鳍褶明显，鳍条尚未发育，臀鳍基底末上方具1个点状黑色素斑。腹部未见发光器发育。肌节可计数，为13+20/21。

保存方式：甲醛

DNA条形码序列：

GCTCTTAGCCTCCTTATCCGAGCTGAACTTAGTCAACCTGGTGCCCTCCTGGGGGACGATC
AGATTTACAACGTAATCGTAACAGCTCACGCTTTCGTAATAATTTTCTTCATAGTAATACCCATCA
TGATTGGGGGCTTTGGAAACTGACTAATTCCCCTTATGATCGGTGCCCCTGATATGGCCTTTCCT
CGAATAAACAACATGAGCTTCTGGCTCCTCCCCCCTTCCTTCCTTCTCCTCCTGGCCTCATCTGG
CGTAGAGGCCGGAGCTGGAACCGGATGAACAGTTTACCCGCCTCTTGCAGGCAACCTCGCCCA
CGCCGGAGCCTCTGTCGACCTAACAATTTTCTCCCTCCACCTGGCAGGTGTCTCCTCTATTCTCG
GAGCAATCAACTTCATTACAACCATCATCAATATGAAACCACCTGCAATCACCCAGTACCAGAC
CCCTCTGTTCGTGTGAGCAGTCCTTATTACAGCCGTACTTCTCCTTCTCTCCCTCCCCGTCCTAG
CTGCTGGCATTACAATGCTCTTAACAGACCGAAATCTAAACACTACCTTCTTCGACCCTGCAGG
AGGGGGAGACCCCATCCTTTACCAAC

>>> 喀氏眶灯鱼 *Diaphus garmani* Gilbert, 1906

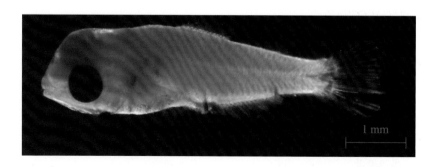

1 mm

标本号：GDYH271；采集时间：2015-05-11；
采集海域：东沙群岛北部海域，349渔区，21.679° N，116.325° E

中文别名：灯笼鱼、七星鱼、光鱼

英文名：Garman's lanternfish

形态特征：

该标本为全长5.89 mm、体长5.03 mm的喀氏眶灯鱼仔鱼，处于弯曲期，身体修长。头长为体长的30.00%，体高为体长的28.67%。口前位，吻部正常、短小，吻长为头长的31.13%；口裂至眼中部的下方。眼大，近圆形，眼径为头长的40.00%。肛门位于身体中部略靠后，肛前距为体长的56.01%。腹囊长三角形，肠道可见，但不明显。主鳃盖骨后缘和肛门上方各具1个黑色素斑。臀鳍基底上方具1个点状黑色素斑。各鳍鳍条发育中，脂鳍基底也开始发育，背鳍鳍条13条，臀鳍鳍条15条。肌节可计数，为12+21/22。

保存方式：甲醛

DNA条形码序列：

GCTCTTAGCCTCCTCATCCGAGCTGAACTAAGCCAACCTGGAGCCCTCCTGGGGGACGAC
CAGATCTACAACGTAATCGTAACAGCCCACGCCTTCGTAATAATTTTCTTCATGGTTATACCCATC
ATGATTGGAGGCTTTGGGAACTGACTAATCCCCCTCATGATCGGTGCCCCAGACATGGCTTTCC
CCCGAATAAACAACATGAGCTTCTGACTCCTTCCCCCATCCTTCCTTCTTCTCCTAGCCTCATCT
GGCGTAGAAGCCGGAGCTGGAACCGGATGAACTGTTTACCCGCCTCTCGCAGGCAACCTCGCC
CACGCTGGGGCCTCTGTTGACCTAACAATCTTCTCTCTCCACCTAGCAGGTGTCTCATCAATTCT
CGGGGCAATCAACTTTATCACAACCATCATCAACATGAAGCCCCCTGCAATCACCCAATACCAA
ACCCCTCTGTTCGTGTGAGCAGTCCTAATTACGGCTGTACTCCTACTCCTGTCGCTCCCAGTACT
AGCCGCTGGTATTACAATGCTCTTAACAGACCGAAACCTAAACACCACCTTCTTCGACCCTGCA
GGAGGGGGAGACCCCATTCTTTACCAAC

>>> **颜氏眶灯鱼** *Diaphus jenseni* Tåning, 1932

标本号：BBWZ753；采集时间：2014-09-29；

采集海域：文昌外海，449渔区，19.731° N，112.720° E

中文别名：灯笼鱼、七星鱼、光鱼

英文名：Jensen's lanternfish

形态特征：

该标本为全长4.89 mm、脊索长4.79 mm的颜氏眶灯鱼仔鱼，处于弯曲前期，身体修长。头长为脊索长的27.73%，体高为脊索长的20.87%。口前位，吻部正常、短小，吻长为头长的31.23%；口裂至眼前缘下方。眼大，呈竖立的长椭圆形，眼长径为头长的40.86%，短径为头长的33.48%。消化道呈长三角形，肛门位于身体中部略靠后，肛前距为体长的54.01%。主鳃盖骨、消化道中部和肛门上方均出现色素，色素斑形状分别为点状、辐射状。臀鳍鳍褶后上方隐约刚开始发育黑色素。肌节可计数，为13+22/23。

保存方式：甲醛

DNA条形码序列：

GCTCTTAGCCTCCTTATCCGAGCCGAACTAAGTCAACCTGGCGCCCTCCTCGGAGACGAT
CAGATCTACAACGTAATCGTAACAGCTCACGCCTTCGTAATAATTTTCTTCATAGTCATGCCCATC
ATGATCGGGGGCTTTGGGAACTGACTAATCCCCCTCATGATCGGCGCTCCCGACATGGCCTTCC
CCCGAATAAACAACATAAGCTTCTGACTACTCCCACCCTCCTTCCTTCTGCTCTTAGCCTCGTCA
GGGGTAGAAGCCGGAGCTGGGACCGGATGAACAGTTTATCCACCTCTCGCAGGCAATCTTGCC
CATGCCGGGGCCTCCGTTGACCTAACAATTTTCTCCCTTCACCTAGCAGGTGTCTCCTCCATTCT
AGGGGCAATCAACTTCATCACAACCATCATCAACATGAAACCCCCTGCAATTACACAATACCAG
ACCCCGCTCTTCGTCTGGGCAGTCCTCATTACAGCCGTACTTCTCCTGCTCTCCCTCCCAGTCCT
AGCTGCTGGCATTACAATGCTCCTGACGGACCGAAACTAAACACCACCTTCTTCGACCCTGCA
GGGGGCGGAGACCCCATTCTTTACCAAC

>>> 吕氏眶灯鱼 *Diaphus luetkeni*（Brauer, 1904）

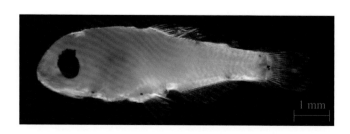

标本号：BBWZ729；采集时间：2014-09-27；

采集海域：南海北部陆棚区海域，450渔区，19.774° N，113.225° E

中文别名：灯笼鱼、七星鱼、光鱼

英文名：Luetken's lanternfish

形态特征：

该标本为全长8.35 mm、体长7.00 mm的吕氏眶灯鱼仔鱼，处于弯曲期，身体修长。头长为体长的32.81%，体高为体长的32.12%。口前位，吻部正常、短小，吻长为头长的32.87%；口裂至眼后部下方。眼大，近圆形，眼径为头长的25.95%，从眼前缘中部到上缘外侧具有1个大的黑色素斑，与眼连为一体。肛门位于身体中部略靠后，肛前距为体长的56.31%。腹囊倒三角形，肠道不明显。身体多处布有色素，其中中脑部上方、主鳃盖骨右下缘近隅角处和腹鳍基底上缘各具1个点状黑色素斑，肛门上方具1个黑色素斑，背鳍基底末下方和臀鳍基底末上方各具1个浅的黑色素斑，尾鳍基底中部和上部具3个点状黑色素斑。背鳍鳍条14条，臀鳍鳍条15条。肌节可计数，为13+23。

保存方式：甲醛

DNA条形码序列：

GCTCTAAGCCTCCTTATCCGGGCTGAACTGAGTCAACCTGGCGCCCTCCTAGGAGACGAT
CAGATTTACAACGTAATCGTAACAGCTCACGCCTTCGTAATAATTTTCTTCATGGTCATGCCTATC
ATAATTGGGGGCTTTGGAAACTGACTAATTCCCCTTATGATCGGTGCCCCCGACATGGCATTCCC
CCGAATAAACAACATAAGCTTCTGACTACTTCCCCCATCCTTCCTTCTCCTCCTAGCCTCATCTG
GCGTAGAAGCTGGAGCTGGGACCGGCTGAACAGTTTACCCACCTCTTGCAGGCAATCTCGCTC
ACGCCGGAGCCTCTGTTGACCTGACAATTTTCTCCCTTCACCTAGCAGGTGTTTCATCTATTCTA
GGGGCAATTAACTTCATTACAACCATCATCAACATGAAACCCCCTGGAATTACTCAATACCAAA
CCCCTTTATTTGTATGAGCAGTTCTTATTACAGCCGTACTTCTCCTTCTTTCCCTCCCCGTTCTAG
CTGCTGGCATTACAATGCTCTTAACAGATCGAAATCTAAACACCACCTTCTTCGACCCCGCAGG
AGGAGGAGACCCAATTCTTTACCAGC

>>> 李氏眶灯鱼 *Diaphus richardsoni* Tåning, 1932

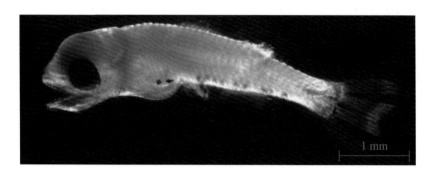

1 mm

标本号：GDYH614；采集时间：2017-04-18；

采集海域：南海北部陆棚区海域，429渔区，20.274° N，115.268° E

中文别名：灯笼鱼、七星鱼、光鱼

英文名：Lanternfish

形态特征：

该标本为全长5.12 mm、体长4.31 mm的李氏眶灯鱼仔鱼，处于弯曲期，身体修长。头长为体长的26.70%，体高为体长的24.30%。口前位，吻部正常、短小，吻长为头长的33.71%；口裂至眼中部下方。眼中等大，椭圆形，眼长径为头长的41.53%，短径为头长的36.66%。肛门位于身体中部略靠后，肛前距为体长的55.49%。肠道管状，呈"﹀＼"形，肠道具2个黑色素斑，肛门上方具2个黑色素斑，鱼体腹部从肛门上方至臀鳍后方的13个肌节上已出现9个大型黑色素斑，中轴线下方的尾鳍鳍条基底具1个块状黑色素斑。未见发光器发育。背鳍、脂鳍和臀鳍尚在发育中。肌节可计数，为13/14+16/17。

保存方式：甲醛

DNA条形码序列：

GCTCTAAGCCTTCTAATCCGAGCTGAACTAAGTCAACCTGGAGCCCTGTTAGGGGATGAC
CAGATTTACAACGTAATTGTAACAGCTCACGCCTTCGTAATAATCTTCTTTATAGTTATGCCCATC

ATGATCGGGGGCTTTGGAAACTGACTAATCCCCCTTATGATCGGCGCTCCCGACATGGCCTTCC

CCCGAATGAACAATATGAGCTTCTGACTACTTCCACCATCCTTCCTTCTTCTCCTAGCCTCATCT

GGTGTAGAAGCTGGAGCTGGAACCGGATGAACAGTTTATCCACCCCTTGCAGGCAACCTCGCC

CACGCCGGGGCATCTGTCGACCTAACAATTTTCTCCCTCCACCTAGCAGGTGTTTCATCCATCCT

GGGGGCTATCAACTTCATTACAACCATTATCAACATGAAGCCTCCTGCAATTACCCAATACCAAA

CCCCTCTGTTCGTCTGAGCAGTCCTTATTACGGCCGTGCTTCTTCTCCTATCCCTCCCCGTGCTA

GCTGCCGGCATTACAATACTCTTAACAGACCGAAATCTAAATACCACCTTCTTCGACCCTGCGG

GAGGAGGAGACCCCATCCTATACCAAC

>>> **后光眶灯鱼** *Diaphus signatus* Gilbert, 1908

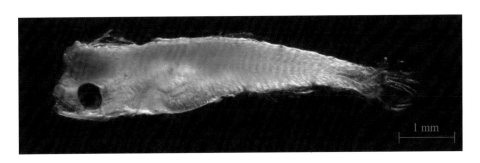

标本号：DSZ44；采集时间：2014-04-25；

采集海域：珠江口外海，373渔区，21.280°N，114.770°E

中文别名：灯笼鱼、七星鱼、光鱼

英文名：Lanternfish

形态特征：

该标本为全长6.55 mm、体长5.85 mm的后光眶灯鱼仔鱼，处于弯曲期，身体修长。头长为体长的25.59%，体高为体长的22.37%。口前位，吻部正常、短小，吻长为头长的31.68%；口裂至眼的前部。眼中等大，椭圆形，眼长径为头长的33.76%，短径为头长的27.27%。肛门位于身体中部略靠后，肛前距为体长的59.00%。鳔清晰可见，除肛门上方有1个黑色素斑，其他身体部位未见黑色素。肌节可计数，为13+22/23。

保存方式：甲醛

DNA条形码序列：

GCTCTTAGCCTCCTAATCCGAGCTGAACTAAGCCAACCTGGCGCCCTTCTAGGGGATGAC
CAGATCTACAATGTAATCGTAACGGCTCACGCCTTCGTAATAATTTTCTTCATGGTCATGCCCATC
ATGATTGGCGGCTTCGGAAACTGACTGATCCCGCTCATGATCGGTGCTCCAGACATGGCCTTCC
CCCGAATAAACAACATAAGCTTCTGACTTCTTCCCCCATCTTTCCTTCTCCTCCTAGCCTCATCC
GGCGTAGAAGCCGGGGCTGGAACCGGATGAACCGTCTACCCACCTCTCGCAGGCAACCTCGCC
CACGCTGGAGCCTCTGTTGACCTAACAATTTTCTCGCTTCACCTGGCAGGTGTCTCCTCTATTCT
TGGTGCCATCAACTTCATTACAACCATCATCAACATAAAACCCCCTGCAATCACTCAGTATCAGA
CTCCTCTATTCGTGTGGGCAGTCCTTATTACAGCCGTGCTCCTTCTTCTTTCCCTCCCAGTCCTAG
CCGCTGGAATTACAATGCTCCTAACAGACCGAAATCTAAACACCACTTTCTTCGACCCTGCAGG
AGGAGGGGACCCCATTCTTTACCAAC

>>> 亮眶灯鱼 *Diaphus splendidus*（Brauer, 1904）

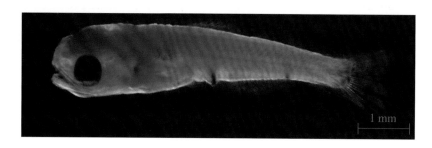

标本号：DSZ67；采集时间：2014-11-28；
采集海域：汕尾外海，348渔区，21.891° N，115.680° E

中文别名：灯笼鱼、七星鱼、光鱼

英文名：Horned lanternfish

形态特征：

该标本为全长6.90 mm、体长6.17 mm的亮眶灯鱼仔鱼，处于弯曲期，身体修长。头长为体长的29.46%，体高为体长的21.80%。口前位，吻部正常、短小，吻长为头长的26.83%；口裂至眼中部下方。眼中等大，近圆形，眼径为头长的32.60%。

肛门位于身体中部略靠后，肛前距为体长的53.71%。鳔清晰可见，肠道呈"〰"形，肛门上部具1个黑色素斑。主鳃盖骨后缘具1个点状黑色素斑。臀鳍基底上方具1个点状黑色素斑。尾鳍基底具3个块状黑色素斑。各部鳍条尚在发育中。肌节可计数，为13/14+23/24。

保存方式：甲醛

DNA条形码序列：

GCTCTTAGCCTTCTAATCCGAGCTGAACTGAGCCAACCTGGGGCCCTCCTCGGAGACGAT
CAGATCTACAACGTAATCGTAACAGCTCACGCCTTCGTAATAATTTTCTTCATGGTTATACCCATC
ATGATTGGGGGCTTTGGAAACTGACTAATCCCCCTTATGATCGGCGCCCCCGACATAGCATTCCC
TCGAATAAACAACATGAGCTTCTGGCTCCTACCCCCTTCCTTCCTTCTCCTCCTGGCCTCATCTG
GCGTAGAAGCCGGGGCCGGAACCGGATGAACAGTCTACCCACCTCTCGCAGGCAATCTAGCCC
ACGCCGGAGCCTCTGTCGATCTAACAATTTTCTCCCTTCACCTAGCAGGTGTCTCCTCTATCCTG
GGAGCAATTAACTTCATTACAACCATCATCAACATGAAACCCCCTGCAATTACACAATATCAAAC
CCCTCTATTCGTGTGAGCAGTTCTTATTACAGCTGTACTTCTCCTTCTCTCGCTTCCAGTCCTAGC
CGCTGGCATCACTATGCTCTTAACGGACCGAAATCTAAACACCACCTTCTTCGACCCTGCAGGA
GGCGGAGACCCCATTCTCTACCAGC

明灯鱼属 *Diogenichthys* Bolin, 1939

>>> 大西洋明灯鱼 *Diogenichthys atlanticus*（Tåning, 1928）

1 mm

标本号：GDYH263；采集时间：2015-05-07；
采集海域：南海北部陆棚区海域，473渔区，19.400° N，113.233° E

中文别名：灯笼鱼、七星鱼、光鱼

英文名：Longfin lanternfish

形态特征：

该标本为全长4.59 mm、体长4.53 mm的大西洋明灯鱼仔鱼，处于弯曲期，身体修长。头长为体长的31.01%，体高为体长的19.81%。口前位，吻尖而略向上弯，吻长为头长的48.01%；口裂至眼前部下方。下颌略长于上颌，下颌前端衍生软质突起，长度约与眼短径等长。眼大，长椭圆形，向吻端方向倾斜，眼长径为头长的35.49%，短径为头长的17.64%。肛门位于身体中部靠后，肛前距为体长的59.53%。肠道管状，呈"⌒⌄"形，其上具4个大型黑色素斑，肛门上部具1个黑色素斑。肛门上方至体中轴线具1个散开的大型块状黑色素斑，肛门后方的12个肌节上分别排列1个块状黑色素斑。背鳍鳍褶和臀鳍鳍褶明显，鳍条尚未发育。肌节可计数，为15+17。

保存方式：甲醛

DNA条形码序列：

GCCCTCAGCCTACTGATTCGAGCTGAACTCAGCCAGCCCGGAGCCCTCATGGGGGATGAC
CAAATCTACAACGTGATTGTGACAGCCCACGCCTTTGTCATAATCTTCTTTATGGTAATACCCCT
CCTAATTGGAGGCTTTGGGAACTGACTCGTCCCCCTAATAATCGGCGCCCCCGATATGGCATTCC
CTCGAATAAACAACATGAGCTTCTGACTTCTCCCCCCTTCCTTTCTTCTCCTCCTGGCCTCCTCT
GGCGTAGAAGCCGGAGCCGGCACCGGCTGAACAGTCTACCCTCCCCTCGCCGGGAACCTTGCC
CACGCTGGAGCTTCAGTCGATTTAACAATTTTTTCTCTTCACCTGGCAGGTGTGTCCTCAATCTT
GGGCGCAATTAATTTTATCACAACCATCATTAATATAAAAGCCCCCGGAACCTCGCAATACCAAA
CCCCTCTGTTTGTCTGAGCCGTACTAATTACTGCCGTCTTGCTTCTCCTCTCCCTCCCGGTCCTA
GCCGCAGGCATTACAATACTTTTAACAGACCGAAACCTTAACACCACCTTCTTTGACCCCTCCG
GCGGAGGGGACCCAATCCTGTACCAAC

炬灯鱼属 *Lampadena* Goode & Bean, 1893

>>> 发光炬灯鱼 *Lampadena luminosa*（Garman, 1899）

标本号：GDYH212；采集时间：2015-04-27；

采集海域：文昌外海，471渔区，19.225° N，112.392° E

中文别名：灯笼鱼、七星鱼、光鱼

英文名：Luminous lanternfish

形态特征：

该标本为全长7.78 mm、体长7.06 mm的发光炬灯鱼仔鱼，处于弯曲期，身体修长。头长为体长的29.68%，体高为体长的22.14%。口前位，吻短小，吻长为头长的25.02%；口裂至眼前部下方。眼大，近圆形，眼径为头长的33.72%。肠道紧贴于腹部，肛门位于身体中后部，肛前距为体长的65.72%。体中轴线以下具3个大的辐射状黑色素斑，分别位于鳔的后方、肛门上方和肛门后第8～11肌节上。背鳍基底末背缘具1个黑色素斑，体中轴末脊索前和近尾柄处具3个线状黑色素。背鳍鳍条和臀鳍鳍条发育中。肌节可计数，为12+16/17。

保存方式：甲醛

DNA条形码序列：

GCTCTAAGCCTCCTTATCCGAGCTGAGCTCAGCCAACCTGGCGCCCTCCTCGGGGATGAC

CAAATCTACAACGTGATCGTAACAGCTCACGCCTTCGTAATAATCTTCTTTATGGTAATGCCTATC

ATGATCGGAGGTTTCGGAAACTGACTAATCCCCTTAATGATTGGGGCCCCCGATATGGCATTTCC

TCGAATAAATAACATAAGCTTCTGACTCCTACCCCCATCTTTCCTTCTCCTCCTGGCCTCCTCTG
GCGTAGAAGCCGGGGCCGGCACTGGCTGAACAGTCTATCCCCCACTTGCTGGCAACCTCGCAC
ACGCTGGGGCCTCTGTAGACCTGACAATTTTCTCACTCCACCTAGCAGGTGTTTCATCAATTCTA
GGGGCCATTAATTTCATTACAACTATTATTAACATGAAACCCCCTGCTATGACACAGTACCAGAC
ACCCCTCTTCGTCTGAGCAGTTCTGATTACAGCCGTACTCCTCCTCCTTTCACTCCCTGTACTAG
CTGCCGGGATTACAATGCTTCTGACAGACCGAAATCTAAACACCACTTTCTTCGACCCTGCAGG
AGGTGGGGACCCTATTCTCTACCAAC

珍灯鱼属 *Lampanyctus* Bonaparte, 1840

>>> 翼珍灯鱼 *Lampanyctus alatus* Goode & Bean, 1896

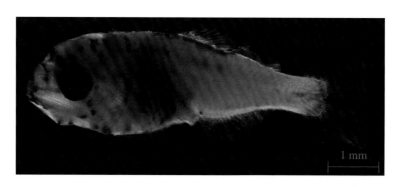

标本号：DSZ66；采集时间：2014-11-27；
采集海域：东沙群岛北部海域，350渔区，21.928° N，116.612° E

中文别名：细斑珍灯鱼、灯笼鱼、七星鱼、光鱼

英文名：Winged lanternfish

形态特征：

该标本为全长6.78 mm、体长5.51 mm的翼珍灯鱼仔鱼，处于弯曲期，身体扁纺锤形。头中等大，头长为体长的34.73%，头高为体长的32.58%。口前位，吻大，吻长为头长的30.60%；口裂达眼中部下方，下颌隅角突出。眼大，圆形，眼径为头

长的33.71%。腹囊三角形，其上色素簇状成片，覆盖面积过半；肛门位于身体中后部，肛前距为体长的55.73%。色素发达、浓密，遍布吻部、脑部、颊部、背鳍基底下方及体上部。背鳍鳍条可计数，为11条；臀鳍鳍条可计数，为15/16条。肌节可计数，为9+20/21。

保存方式：甲醛

DNA条形码序列：

GCTCTTAGCCTACTTATTCGGGCTGAACTCAGCCAACCCGGAGCCCTACTGGGCGACGAC
CAGATCTACAATGTAATCGTAACAGCCCACGCTTTCGTTATAATCTTCTTTATGGTAATGCCTATC
ATGATTGGAGGGTTTGGAAACTGACTCATCCCACTTATGATCGGAGCTCCTGATATGGCATTCCC
TCGGATGAATAATATGAGCTTCTGACTCCTCCCACCCTCTTTCCTTCTTCTCCTAGCTTCATCCG
GCGTTGAAGCGGGAGCCGGCACTGGCTGAACAGTTTATCCTCCTCTAGCAGGCAACCTTGCCC
ACGCTGGAGCTTCTGTAGACCTCACTATCTTCTCACTTCATCTAGCAGGTGTATCATCAATTCTT
GGTGCTATTAATTTCATCACAACTATCATCAACATGAAACCCCGGCAATCACTCAATACCAGAC
CCCTCTGTTCGTCTGAGCTGTTATGATCACTGCCGTGCTCCTACTCCTCTCACTTCCTGTACTAG
CGGCTGGAATTACCATGCTTCTGACAGACCGAAACTTAAATACTACCTTCTTTGACCCTGCTGG
CGGAGGAGACCCAATCCTTTACCAAC

>>> **天纽珍灯鱼** *Lampanyctus tenuiformis*（Brauer, 1906）

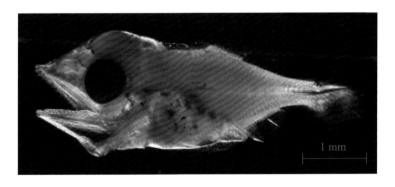

标本号：GDYH275；采集时间：2015-05-11；
采集海域：东沙群岛北部海域，349渔区，21.679°N，116.325°E

中文别名：灯笼鱼、七星鱼、光鱼

英文名：Evermann's lanternfish

形态特征：

该标本为全长5.11 mm、脊索长4.80 mm的天纽珍灯鱼仔鱼，处于弯曲前期，身体侧扁。头大，头高为脊索长的39.49%。口前位，吻大，吻长为头长的40.35%；口裂达眼中部下方，下颌隅角突出。眼大，圆形，眼径为头长的34.10%。腹囊三角形，其上具数个不同大小的辐射状色素斑或点状色素斑；肛门位于身体中后部，肛前距为脊索长的67.66%。背鳍鳍褶和臀鳍鳍褶明显，背鳍基底和臀鳍基底可见，鳍条开始发育。肌节可计数，为17+17/18。

保存方式：甲醛

DNA条形码序列：

GCTCTTAGCCTACTTATTCGAGCTGAACTCAGCCAACCCGGAGCCCTCCTGGGCGACGAC
CAAATCTACAACGTAATTGTAACAGCCCACGCTTTTGTTATAATCTTCTTTATGGTAATGCCTATC
ATGATTGGAGGATTCGGAAATTGACTAATCCCCCTTATGATCGGAGCCCCTGACATGGCATTCCC
CCGAATGAATAACATGAGCTTCTGACTCCTTCCACCATCATTCCTTCTTCTCCTAGCCTCCTCAG
GCGTTGAAGCAGGGGCCGGCACTGGCTGAACGGTTTATCCCCCTCTAGCAGGTAATCTTGCCC
ATGCTGGAGCTTCCGTGGACCTTACAATCTTCTCACTTCATCTGGCAGGTGTCTCGTCCATTCTT
GGTGCTATCAACTTCATCACAACCATCATCAATATGAAACCCCCTGCAATCACTCAATACCAGAC
CCCGCTGTTCGTCTGAGCCGTGATGATTACAGCTGTACTCCTACTCCTCTCGCTCCCTGTCCTAG
CCGCTGGAATTACCATGCTTCTGACAGACCGAAACTTAAACACCACCTTCTTCGACCCTGCCGG
CGGGGGAGATCCCATCCTCTACCAAC

标灯鱼属 *Symbolophorus* Bolin & Wisner, 1959

>>> 埃氏标灯鱼 *Symbolophorus evermanni*（Gilbert, 1905）

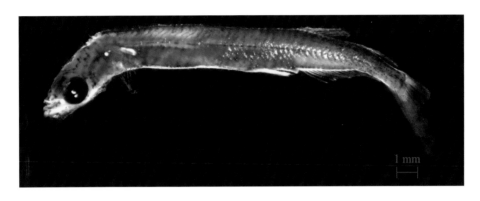

标本号：GDYH22；采集时间：2014-04-19；

采集海域：文昌外海，426渔区，20.250°N，113.750°E

中文别名：灯笼鱼、七星鱼、光鱼

英文名：Evermann's lanternfish

形态特征：

该标本为全长21.79 mm、体长18.28 mm的埃氏标灯鱼稚鱼，身体细长，体高为体长的10.80%；头小，头长为体长的15.70%，头高为体长的10.58%。口上位，吻小，吻长为头长的41.01%；口裂达眼前部。眼大，近圆形，眼径为头长的41.01%。从胸鳍到肛门的体中轴下方呈黑色，肛门位于身体后部，肛前距为体长的70.76%。背鳍起点和肛门在身体的前后位置几乎相等。吻部至胸鳍前方具多个不同大小的点状黑色素斑，背鳍起点至尾鳍端具密布的点状黑色素斑。鳍条发育中，背鳍鳍条可计数，为7条，臀鳍鳍条可计数，为13条。肌节仅胸鳍至肛门段可见，为29。

保存方式：甲醛

DNA条形码序列：

GCCCTAAGCCTCCTCATTCGTGCTGAACTAAGCCAACCTGGCAGCCTCCTCGGAGACGAC
CAGATTTATAATGTAATCGTAACAGCCCATGCCTTCGTAATAATCTTCTTTATGGTTATGCCTATTT
TAATCGGAGGCTTCGGAAACTGGCTAATCCCCCTTATGATCGGGGCCCCTGACATAGCATTCCCC
CGAATAAACAACATGAGCTTCTGGCTTCTCCCGCCCTCCTTCCTCCTCCTCGCCTCCTCTGG
CGTGGAGGCCGGTGCGGGAACTGGCTGAACAGTTTACCCTCCCCTGGCCGGAAACCTTGCTCA
CGCCGGGGCCTCAGTCGACTTAACTATCTTCTCACTACATCTGGCAGGTGTCTCCTCAATCCTAG
GGGCTATTAACTTTATTACAACTATTATTAATATAAAATCCCCTGCAATTACCCAATATCAGACCCC
CTTGTTTGTCTGGGCCGTTCTTATTACTGCTGTTCTTCTTCTCCTCTCCCTCCCTGTGCTTGCCGC
CGCGATCACAATGCTTCTAACAGACCGAAATCTCAACACCACTTTCTTTGACCCAGCAGGAGG
GGGAGACCCTATCCTCTATCAGC

九 鳕形目 Gadiformes

犀鳕科 Bregmacerotidae

犀鳕属 *Bregmaceros* Thompson, 1840

>>> 犀鳕 *Bregmaceros* sp.

标本号：BBWZ154；采集时间：2014-04-25；

采集海域：北部湾外围海域，511渔区，18.160° N，107.578° E

中文别名：海鲥鳅

英文名：Unicorn cod

形态特征：

该标本为全长13.05 mm、体长12.07 mm的犀鳕仔鱼，处于弯曲期，身体侧扁，延长。头短小，头长为体长的20.44%，头高为体长的16.13%；体高为体长的14.59%。口下位，上颌略长于下颌，上颌钝圆，吻长为头长的26.47%。口裂达眼的后方。眼小，近圆形，眼径为头长的21.08%。颅顶具4个浅色素斑。腹囊长圆形，鳔清晰可见。肛门位于身体中前部，肛前距为体长的38.56%。胸鳍黑色，发育中。前背鳍发达，鳍条可计数，为10条，第一背鳍起点至吻端距离为体长的25.52%。腹鳍喉位，有6根鳍条延长为丝状，延伸至肛门后方。背鳍、尾鳍和臀鳍连系在一起。肌节可计数，为9+32。

保存方式：甲醛

DNA条形码序列：

GCCCTCAGCCTACTAATTCGAGTTGAACTCGCTCAACCCGGGGCCTTCCTTGGCGATGATC
AAATTTATAATGTAATCGTCACTGCACATGCCTTTGTAATAATTTTCTTCATAGTAATGCCTGTAAT
AATTGGAGGCTTCGGAAACTGATTAGTTCCTCTTATAATCGGGGCCCCAGACATAGCATTCCCTC
GAATAAATAACATAAGCTTTTGACTCCTGCCCCCTTCCCTTCTCCTTCTCCTTGCATCCTCTGGA
GTTGAAGCAGGAGTGGGGACAGGATGAACAGTCTACCCACCCCTAGCAGGTAACTTCGCCCAT
TCAGGAGCATCAGTTGACCTAGCAATTTTCTCCCTTCATCTAGCAGGGATTTCCTCAATTCTAGG
TGCAATTAATTTTATTACAACTATCATTAACATGAAACCCCCTGCAGCAGGTCAGTTCCGAATCC
CTCTCTTTGTTTGATCTGTTTTCATCACCGCAATTCTTCTTCTTTTATCACTTCCTGTGCTAGCCG
CAGGAATTACCATGCTCTTAACAGACCGAAACCTTAACACATCTTTCTTTGACCCAGCTGGAGG
AGGAGACCCAGTCCTTTACCAAC

鲻形目 Mugiliformes

鲻科 Mugilidae

龟鲅属 *Chelon* Artedi, 1793

>>> 前鳞龟鲅 *Chelon affinis*（Günther, 1861）

标本号：BBWZ137；采集时间：2014-02-15；

采集海域：北部湾海域，417渔区，20.404° N，109.157° E

中文别名：乌鱼、鲻鱼、乌仔、豆仔鱼

英文名：Eastern keelback mullet

形态特征：

该标本为全长8.63 mm、体长6.98 mm的前鳞龟鲅稚鱼，身体梭形。头中等大，头长为体长的32.30%；体高与头高相近，体高为体长的24.63%。口前位，上颌和下颌约等长，口裂达眼前部下方；吻略尖，吻长为头长的28.78%。下颌端具1个黑色素斑，上颌端至眼前方具2个黑色素斑。颅顶一侧具11/12个菊花状黑色素斑。鳃盖骨上具3个辐射状黑色素斑。眼大，圆形，眼径为头长的39.42%。背鳍基底具数个辐射状黑色素斑。体背部具15个大小不一的辐射状色素斑，该列色素斑前部下方具9～11个小色素斑。体中轴布满黑色素，在臀鳍上方至尾柄一段的体中轴上，色素密集成带状。腹囊长三角形，其上具3个大型辐射状黑色素斑和数个中小色素斑。肛门位于身体后部，肛前距为体长的67.64%。臀鳍可见鳍条10条。尾鳍截形。肌节不可计数。

保存方式：甲醛

DNA条形码序列：

GCCCTAAGCCTGCTTATCCGGGCAGAACTAAGCCAGCCTGGCGCTCTCCTAGGGGACGAC
CAGATTTATAATGTAATCGTTACAGCACACGCTTTCGTAATAATTTTCTTTATAGTAATGCCAATTA
TGATTGGAGGGTTTGGAAACTGACTAATCCCCCTAATGATCGGCGCCCCCGATATGGCCTTCCCT
CGAATAAATAACATAAGCTTTTGACTCCTACCTCCTTCGTTCCTTCTTCTCTTAGCGTCTTCTGGC
GTAGAAGCAGGGGCCGGAACTGGATGAACCGTCTATCCTCCTCTAGCCAGCAACCTAGCACAT
GCCGGAGCATCAGTTGACCTTACAATTTTCTCCCTTCACCTGGCAGGTGTCTCCTCAATTTTAGG
TGCTATTAACTTCATTACTACTATTATTAACATGAAACCTCCCGCAATTTCCCAGTACCAAACCCC
ACTCTTCGTATGGGCTGTTCTTATTACTGCCGTTCTCCTGCTTCTATCCCTGCCAGTTCTCGCTGC
CGGAATTACCATGCTTTTAACAGATCGAAACTTAAACACTTCTTTCTTCGACCCAGCAGGAGGA
GGGGATCCTATTCTATACCAGC

>>> **绿背龟鲛** *Chelon subviridis*（Valenciennes, 1836）

标本号：BBWZ28；采集时间：2013–11–02；
采集海域：北部湾北部海域，362渔区，21.003° N，108.706° E

中文别名：鯔鱼、乌仔、乌鱼、豆仔鱼

英文名：Greenback mullet

形态特征：

该标本为全长9.84 mm、体长7.97 mm的绿背龟鲅稚鱼，身体梭形。头中等大，头长为体长的33.38%；体高与头高相近，体高为体长的25.90%。口斜位，口裂达眼前部下方，下颌略长于上颌，吻长为头长的24.87%。下颌端有色素，上颌至眼睛具3个大的浅色素斑。眼大，圆形，眼径为头长的43.43%。颅顶具数个菊花状色素丛。腹囊长方形，从鳃盖后方到肛门，体中轴下方的腹部呈银灰色。肛门位于身体后部，肛前距为体长的68.31%。体背部上方具25～27个辐射状深色素斑，从脑后至尾鳍基底排成1列；该列色素斑前部下方具14～16个小色素斑。背鳍基底亦具1列辐射状色素斑。臀鳍鳍棘2枚，鳍条6条。尾鳍截形。肌节不可计数。

保存方式：甲醛

DNA条形码序列：

GCTTTGAGCCTACTAATCCGAGCAGAACTAAGCCAACCTGGCGCTCTCTTAGGAGATGAC
CAAATTTATAATGTAATTGTTACGGCGCACGCTTTCGTAATAATTTTCTTTATAGTAATGCCAATC
ATGATCGGAGGATTTGGGAACTGACTAGTCCCTCTAATGATCGGTGCCCCCGATATGGCCTTCCC
TCGAATGAACAACATAAGCTTCTGACTCCTCCCTCCTTCCTTCCTTCTTCTCCTGGCATCCTCTG
GCGTAGAAGCTGGGGCCGGTACTGGGTGAACCGTCTACCCCCCTCTGGCCAGCAACTTAGCAC
ATGCCGGAGCATCTGTTGACCTAACAATTTTCTCCCTCCATCTGGCGGGGGTTTCCTCAATTCTA
GGCGCAATTAACTTCATTACAACCATCATCAATATGAAACCTCCAGCTATCTCCCAATACCAGAC
CCCTCTCTTCGTATGGGCCGTCCTTATCACTGCTGTCCTCCTTCTCCTATCCCTACCAGTTCTTGC
TGCTGGAATTACCATGCTCCTGACAGACCGAAACTTAAACACCTCTTTCTTCGACCCGGCAGGA
GGAGGAGATCCTATCTTGTATCAAC

莫鲻属 *Moolgarda* Whitley, 1945

>>> 长鳍莫鲻 *Moolgarda cunnesius*（Valenciennes, 1836）

标本号：GDYH186；采集时间：2015-04-24；

采集海域：高栏列岛海域，343渔区，21.750°N，113.250°E

中文别名：鲻鱼、乌鱼、乌仔、豆仔鱼

英文名：Longarm mullet

形态特征：

该标本为全长12.76 mm、体长10.17 mm的长鳍莫鲻稚鱼，身体梭形。头中等大，头长为体长的33.17%，头高与体高相近；体高为体长的24.00%。口斜位，下颌略长于上颌，口裂达眼前部下方，吻长为头长的24.13%。下颌为浅的色素斑所覆盖，上颌端至眼前方具2/3个浅的色素斑。颅顶一侧为浅的色素丛所覆盖。眼大，圆形，眼径为头长的39.42%。胸鳍上方具多个菊花状黑色素斑。背部至尾柄具数个不同大小的色素斑。体中轴上方被色素斑覆盖，呈带状，体中轴下方身体呈暗黑色。肛门位于身体后部，肛前距为体长的66.26%。臀鳍可见鳍条12条。尾鳍叉型。肌节不可计数。

保存方式：甲醛

DNA条形码序列：

GCCCTAAGCCTTCTTATCCGAGCAGAACTCAGCCAACCTGGGGCCCTTCTTGGGGACGAT

CAGATTTACAATGTGATTGTTACGGCACATGCTTTCGTAATAATTTTCTTTATAGTGATGCCAATT
ATGATCGGTGGGTTTGGAAATTGACTTATCCCATTAATGATTGGGGCACCAGATATAGCATTCCC
CCGAATAAATAACATAAGCTTCTGGCTTCTTCCCCCTTCATTTCTTCTCCTCCTGGCATCCTCTGC
AGTAGAGGCTGGAGCCGGTACAGGATGAACTGTTTACCCGCCTCTCGCCAGCAACCTAGCACA
TGCTGGAGCATCCGTTGACCTTACCATCTTTTCCCTTCATCTGGCAGGGGTTTCCTCAATTTTAG
GTGCTATTAATTTTATTACAACTATTATTAATATAAAACCTCCTGCTATCTCTCAGTACCAAACCCC
TCTATTTGTATGAGCAGTTCTTATTACAGCTGTCCTTCTTCTTCTTTCTTTACCAGTTCTCGCTGCT
GGGATTACTATGCTCCTAACAGATCGAAACTTAAATACCTCTTTCTTCGATCCTGCAGGGGGAGG
AGATCCGATTCTATACCAAC

>>> **佩氏莫鲻** *Moolgarda perusii*（Valenciennes, 1836）

标本号：BBWZ57；采集时间：2013-11-02；

采集海域：企沙海域，361渔区，21.269°N，108.343°E

中文别名：鲻鱼、乌鱼、乌仔、豆仔鱼

英文名：Longfinned mullet

形态特征：

该标本为全长11.26 mm、体长9.03 mm的佩氏莫鲻稚鱼，身体梭形。头大，头长为体长的31.14%；体高为体长的24.72%。口斜位，上、下颌约等长，口裂达眼前部下方，吻长为头长的23.72%。眼大，近圆形，眼径为头长的39.69%。颅顶被黑色素丛所覆盖。肛门位于身体后部，肛前距为体长的72.94%。胸鳍后方至尾柄身体中下部为银灰色。臀鳍鳍条可计数，为9条；尾鳍截形。肌节不可计数。

保存方式：甲醛

DNA条形码序列：

GCCCTAAGCCTTCTTATCCGAGCAGAACTCAGTCAGCCTGGGGCTCTTCTAGGGGACGAT
CAGATTTACAATGTAATTGTTACGGCACACGCTTTCGTAATAATTTTCTTTATAGTGATGCCAATT
ATAATTGGTGGGTTTGGAAATTGACTAATCCCACTAATGATCGGGGCACCAGATATAGCATTCCC
ACGAATAAATAATATAAGCTTCTGGCTTCTCCCTCCTTCATTTCTTCTCCTTCTAGCATCCTCTGC
AGTAGAAGCAGGAGCTGGCACAGGATGAACTGTTTACCCGCCTCTTGCCAGCAACCTGGCACA
TGCTGGGGCATCTGTCGACCTTACTATCTTTTCTCTTCATCTGGCTGGAGTCTCCTCGATTTTAGG
TGCTATTAACTTCATTACAACCATTATCAACATGAAACCCCCTGCCATTTCTCAATACCAGACCC
CTCTGTTTGTATGAGCAGTTCTTATTACAGCTGTACTTCTTCTTCTATCTTTACCAGTTCTTGCTG
CTGGCATCACTATACTCCTGACAGACCGAAACTTAAACACCTCTTTCTTCGACCCTGCAGGAGG
GGGTGATCCAATTCTGTACCAAC

银汉鱼目 Atheriniformes

银汉鱼科 Atherinidae

下银汉鱼属 *Hypoatherina* Schultz, 1948

>>> 凡氏下银汉鱼 *Hypoatherina valenciennei*（Bleeker, 1853）

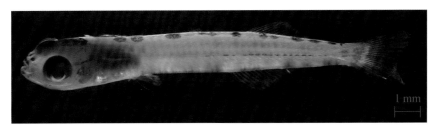

标本号：XWZ95；采集时间：2013-10-12；

采集海域：徐闻角尾海域，418渔区，20.225° N，109.994° E

中文别名：银汉鱼、公鱼仔、硬鳞

英文名：Sumatran silverside

形态特征：

该标本为全长15.16 mm、体长13.18 mm的凡氏下银汉鱼稚鱼，身体修长。头部上方有3个大块的菊花状色素斑，头长为体长的22.32%，头高为体长的15.18%；体高为体长的11.46%。口小，口斜位，下颌略长于上颌，上颌有2个点状黑色素斑，鼻孔上缘各具1个黑色素斑。吻长为头长的19.38%。口裂显著小，口裂离眼前缘较远。

眼大，圆形，眼径为头长的40.67%。腹囊长方形，肛门位于身体前部，肛前距为体长的36.20%。身体背部上方有11个菊花状黑色素斑，从头部到尾柄逐渐减小。背鳍鳍条可计数，为10条。腹鳍鳍条可计数，为5条。臀鳍轮廓近三角形，起始于背鳍前下方，鳍条为14条。尾鳍叉形，其基底具2个颜色较浅的色素斑。肌节可计数，为7+29。

保存方式：甲醛

DNA条形码序列：

GCCCTAAGCCTTCTCATTCGGGCAGAACTAAGCCAACCAGGCTCTCTCCTTGGAGACGAC
CAGATCTATAATGTTATCGTAACAGCACACGCCTTTGTAATAATTTTCTTTATAGTAATACCAATTA
TGATTGGAGGCTTCGGAAACTGACTGATCCCCCTTATGATCGGGGCCCCTGACATGGCATTCCC
TCGAATGAATAATATGAGCTTCTGACTTCTGCCCCCCTCATTCCTTCTTCTTCTGGCCTCCTCTGG
TGTTGAAGCCGGGGCTGGAACAGGTTGAACAGTTTATCCTCCCCTAGCCGGCAACCTGGCCCA
CGCCGGAGCGTCTGTAGACCTAACTATTTTCTCTCTTCATTTAGCAGGTGTTTCATCAATCCTCG
GAGCCATTAATTTTATTACAACAATTATTAATATGAAACCTCCTGCCATCTCACAATATCAAACAC
CCCTATTCGTCTGAGCAGTCCTAATTACTGCCGTACTTCTTCTACTTTCTCTTCCAGTTCTAGCTG
CCGGCATTACTATGCTACTAACAGACCGAAACCTAAATACCACTTTCTTTGACCCTGCCGGAGG
GGGAGATCCCATTCTTTACCAGC

颌针鱼目 Beloniformes

飞鱼科 Exocoetidae

须唇飞鱼属 *Cheilopogon* Lowe, 1841

>>> 背斑须唇飞鱼 *Cheilopogon dorsomacula*（Fowler, 1944）

标本号：DSZ18；采集时间：2014-04-25；
采集海域：南海北部陆棚区海域，430渔区，20.234°N，115.788°E

中文别名：飞鱼

英文名：Backspot flying fish

形态特征：

该标本为全长7.30 mm、体长6.59 mm的背斑须唇飞鱼仔鱼，处于弯曲期，身体纺锤形。头长为体长的27.24%，头高为体长的22.37%；体高为体长的20.23%。口小，前位，吻长为头长的24.29%；口裂达眼前部下方。眼发达，近圆形，眼径为头长的46.41%。头部具发达的辐射状黑色素斑。主鳃盖骨边缘具1个小型辐射状黑色素斑。背部具有2排、20～22个小点状黑色素斑；消化道长，其上具14～16个深浅不一的色素斑。肛门位于身体中后部，肛前距为体长的69.01%。背鳍起点位于肛门上方靠前，背鳍鳍棘11～13枚[①]，背鳍起点至吻端距离为体长的65.96%。腹鳍尚在发育。肌节可计数，为20/21+13/14。

保存方式：甲醛

DNA条形码序列：

GCCCTAAGCCTTCTTATTCGAGCAGAACTAAGCCAACCAGGCTCTCTCCTTGGAGACGAC
CAAATTTATAACGTAATTGTTACAGCACATGCCTTTGTAATAATTTTCTTTATAGTAATGCCAATCA
TGATTGGTGGCTTTGGAAACTGACTCATCCCCCTTATGATCGGAGCCCCCGACATGGCATTCCC
TCGAATGAACAATATGAGCTTTTGACTTCTTCCACCCTCTTTCCTTCTACTCCTAGCCTCTTCAG
GAGTTGAAGCTGGAGCTGGAACAGGATGAACGGTGTATCCCCCTCTATCAGGAAACTTAGCCC
ACGCCGGAGCATCCGTTGACCTAACAATTTTTTCACTCCACCTAGCAGGGGTTTCATCAATTCTA
GGGGCAATTAACTTTATTACAACAATCATTAATATAAAACCTCCTGCAATCTCACAGTACCAAAC
CCCACTTTTCGTATGAGCAGTCCTTATTACAGCAGTTCTTCTGCTTCTCTCTCTACCCGTTCTTGC
AGCAGGTATTACTATGCTTCTGACGGACCGAAATTTAAACACAACATTCTTCGATCCTGCAGGG
GGAGGTGACCCAATTCTTTACCAAC

>>> 黄鳍须唇飞鱼 *Cheilopogon katoptron*（Bleeker, 1865）

标本号：BBWZ159；采集时间：2014-02-26；
采集海域：北部湾湾口海域，534渔区，17.843° N，107.882° E

---

① 仔稚鱼处于动态发育期，鳍棘正在发育，计数有浮动。全书同。

中文别名：飞鱼

英文名：Indonesian flying fish

形态特征：

该标本为全长21.90 mm、体长17.42 mm的黄鳍须唇飞鱼稚鱼，身体纺锤形。头长较短，为体长的26.05%；头高与体高相近，头高为体长的17.77%；体高为体长的17.66%。口上位，吻长为头长的22.03%；上、下颌前缘具2/3个黑色素斑。眼大，近圆形，眼径为头长的41.53%。鱼体色素发达，俯视观察时，头顶部具密集、大小不一的斑状黑色素群，轮廓呈"蝌蚪头"形。沿着背部中线两侧各有1行点状黑色素斑排列，从体中部向后色素斑点变大、变密。肌节不可计数。

保存方式：甲醛

DNA条形码序列：

GCCCTAAGCCTTCTTATTCGAGCAGAGCTAAGCCAACCAGGCTCTCTCCTTGGAGACGAC
CAAATTTATAACGTTATTGTTACAGCACATGCCTTTGTAATAATTTTCTTTATAGTAATGCCAATTA
TAATTGGTGGCTTTGGAAACTGACTTATTCCCCTTATGATCGGAGCCCCCGACATAGCATTTCCT
CGAATAAATAACATGAGCTTTTGGCTTCTTCCACCCTCTTTCCTTCTTCTCCTGGCCTCTTCAGG
AGTCGAAGCTGGAGCTGGGACAGGATGGACAGTATACCCCCCTCTAGCAGGAAACCTAGCCC
ACGCCGGAGCATCCGTTGACCTAACAATTTTTTCACTTCATCTAGCAGGGATTTCATCGATTCTA
GGTGCAATCAACTTTATTACAACAATTATTAATATAAAACCCCCTGCAATCTCACAGTACCAAAC
TCCACTTTTCGTGTGAGCAGTCCTTATTACAGCAGTCCTTCTGCTTCTTTCTCTACCCGTTCTTGC
AGCAGGGATCACTATGCTTCTGACAGACCGAAATCTAAACACAACATTCTTTGACCCTGCCGGG
GGAGGAGACCCAATTCTTTACCAAC

飞鱼属 *Exocoetus* Linnaeus, 1758

>>> 单须飞鱼 *Exocoetus monocirrhus* Richardson, 1846

1 mm

标本号：GDYH30；采集时间：2015-04-17；

采集海域：琼东海域，470渔区，19.467° N，111.767° E

中文别名：飞鱼

英文名：Barbel flying fish

形态特征：

该标本为全长9.67 mm、体长7.45 mm的单须飞鱼稚鱼，身体纺锤形。头长为体长的30.43%，头高为体长的25.03%；体高为体长的24.21%。口前位，吻长为头长的21.38%；口裂达眼前部下方。眼大，近圆形，眼径为头长的46.82%。吻前缘到主鳃盖骨上分布黑色素。周身色素斑明显，在侧线鳞片上呈线状分布。腹囊长三角形。肛门开口于身体后部，肛前距占体长的68.17%。尾鳍呈刀形，尚未分叉，下方鳍条显著长于上方。肌节不可计数。

保存方式：甲醛

DNA条形码序列：

GCCCTAAGCCTTCTTATCCGAGCAGAACTGAGCCAACCAGGCTCTCTCCTCGGAGATGAC

CAAATTTATAACGTAATTGTTACAGCACACGCCTTTGTAATAATTTTCTTTATAGTAATGCCAATT

ATGATCGGTGGCTTTGGAAACTGACTCATTCCCCTCATGATCGGAGCCCCCGACATGGCATTCC
CCCGAATGAATAATATGAGCTTTTGACTTCTTCCACCCTCTTTCCTTCTACTCTTAGCCTCTTCAG
GAGTTGAAGCTGGAGCTGGAACAGGATGAACAGTATACCCCCCTCTAGCAGGGAACCTAGCCC
ACGCCGGAGCATCTGTTGACCTAACAATTTTCTCTCTCCACCTAGCAGGGGTTTCATCAATTCTA
GGGGCAATCAACTTTATTACAACAATCATTAATATAAAACCTCCCGCAATCTCACAATACCAAAC
TCCGCTCTTTGTTTGAGCAGTTCTTATTACAGCAGTCCTTCTGCTTCTTTCTCTACCCGTTCTTGC
GGCAGGGATTACTATGCTTCTGACGGACCGAAACCTAAATACAACATTCTTTGATCCTGCAGGA
GGAGGTGACCCTATTCTTTACCAAC

飞鱵属 *Oxyporhamphus* Gill, 1864

>>> 白鳍飞鱵 *Oxyporhamphus micropterus micropterus*（Valenciennes, 1847）

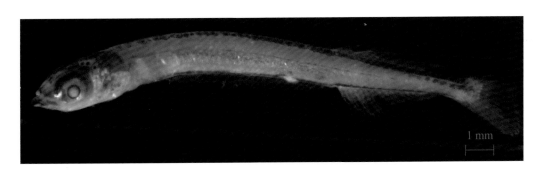

标本号：HZ91；采集时间：2013-05-08；
采集海域：南海北部陆棚区海域，430渔区，20.369° N，115.797° E

中文别名：飞鱼

英文名：small wing flying fish

形态特征：

该标本为全长18.00 mm、体长16.37 mm的白鳍飞鱵稚鱼，身体延长，侧扁。
头小，头长为体长的17.66%；体高为体长的9.57%。口斜位，口裂达眼前部下方，下颌长于上颌，吻长为头长的25.15%，吻端为黑色。眼大，近圆形，眼径为头长的49.08%。眼部后方鳃盖骨上具有数个浅的点状黑色素斑。颅顶上部有数个伞状黑色素斑。背部从头后到尾鳍前端具有密集的菊花状黑色素斑。背鳍鳍条发育中，第一背鳍起点至吻距离为体长的67.68%。肛门位于身体后部，肛前距为体长的69.90%。臀鳍鳍条14条，基底上方具有一列黑色素斑。尾鳍楔形，其基底中间前部尾柄上具有8个块状黑色素斑。肌节不可计数。

保存方式：甲醛

DNA条形码序列：

GCTTTAAGTCTTCTCATTCGAGCGGAACTGAGCCAACCAGGCTCTCTCTTAGGAGATGAC
CAAATTTACAATGTAATTGTTACAGCACATGCCTTTGTAATAATTTTCTTTATAGTAATACCAATTA
TAATTGGTGGATTTGGTAACTGACTAATTCCTCTTATGATTGGAGCTCCTGATATAGCATTCCCTC
GAATGAACAACATAAGCTTCTGACTTCTCCCACCTTCTTTCCTTCTCCTATTAGCCTCTTCAGGA
GTTGAAGCCGGGGCTGGAACAGGATGAACAGTTTACCCCCCCTTTAGCTGGCAACTTAGCCCAC
GCCGGAGCATCAGTTGACCTAACAATTTTCTCTCTACACCTAGCAGGTGTTTCATCAATTCTAGG
GGCAATTAATTTTATCACAACTATTATTAACATGAAACCTCCTGCAATTTCACAATATCAAACACC
CCTATTCGTCTGAGCGGTACTAATTACAGCAGTCCTTCTTCTTCTTTCTTTACCTGTACTTGCTGC
GGGCATTACTATGCTTCTCACAGATCGAAACCTAAATACTACCTTCTTTGACCCTGCAGGAGGT
GGAGACCCAATTCTTTATCAAC

鱵科 Hemiramphidae

下鱵鱼属 *Hyporhamphus* Gill, 1859

>>> 杜氏下鱵鱼 *Hyporhamphus dussumieri*（Valenciennes, 1847）

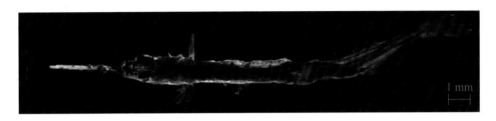

标本号：BBWZ778；采集时间：2014-09-01；

采集海域：北部湾海域，417渔区，20.236° N，109.308° E

中文别名：水针鱼

英文名：Dussumier's halfbeak

形态特征：

该标本为全长22.00 mm、体长19.85 mm的杜氏下鱵鱼稚鱼，身体延长，侧扁。头大，头长为体长的33.99%；体宽为体长的6.24%。口斜位，口裂达眼前部下方，下颌长于上颌，下颌特化成针状；吻长为头长的65.45%。眼大，近圆形，眼径为头长的14.37%。背鳍两侧各具1排黑色素斑，背鳍起点至吻端距离为体长的84.15%。肛门位于身体后部，肛前距为体长的81.18%。胸鳍较长，腹鳍发育中；臀鳍鳍条可计数，为11条，其基底处有1个小的线状黑色素斑；尾鳍发达，呈楔形。肌节不可计数。

保存方式：甲醛

DNA条形码序列：

GCTTTAAGTCTTCTTATTCGGGCAGAATTGAGCCAACCAGGCTCTCTCCTGGGAGACGAC
CAAATTTATAATGTAATTGTTACAGCACATGCCTTTGTAATAATTTTCTTTATAGTAATACCAATTA
TAATTGGCGGCTTTGGCAACTGACTTATTCCTCTTATGATCGGGGCTCCTGACATAGCATTTCCC

CGAATAAATAACATAAGCTTTTGACTCCTTCCTCCTTCCTTCCTCTTACTCTTAGCTTCTTCAGGG
GTTGAAGCCGGGGCTGGAACTGGATGAACAGTCTATCCCCCTTTAGCTGGTAACCTCGCCCACG
CTGGGGCATCTGTTGATTTAACCATTTTTTCTCTTCACCTAGCAGGTGTTTCATCAATTCTTGGG
GCTATTAACTTTATTACAACAATCATCAATATGAAACCTCCCGCAATTTCACAATACCAAACACC
ACTATTGTTTGAGCCGTTTTAATTACCGCAGTCCTTCTTCTTCTCTCCCTTCCAGTCCTTGCCGC
TGGCATCACTATGCTTCTCACAGACCGAAATCTAAATACCACATTCTTTGACCCCGCAGGAGGA
GGTGACCCAATTCTTTACCAAC

>>> **瓜氏下鱵鱼** *Hyporhamphus quoyi*（Valenciennes, 1847）

标本号：XWZ65；采集时间：2013-09-26；
采集海域：徐闻角尾海域，418渔区，20.225° N，109.994° E

中文别名：水针鱼

英文名：Quoy's garfish

形态特征：

该标本为全长24.05 mm、体长22.40 mm的瓜氏下鱵鱼稚鱼，身体修长。头长为体长的38.84%，颅顶具13/14个小菊花状黑色素斑，头高与体高一致；体高为体长的8.20%。口斜位，口裂达眼前部下方；下颌特化成针状，吻长为头长的73.60%。上颌黑色素斑呈三角形密布，下颌布满黑色素。眼大，近圆形，眼前部具1个点状黑色素斑，眼径为头长的14.60%。眼部后下方鳃盖骨上分布数个菊花状浅的黑色素斑。腹囊黑色，呈长方形，延长至臀鳍起点。肛门位于身体后部，肛前距为体长的79.01%。体背部起点至背鳍起点具15个菊花状黑色素斑，背鳍前部下方具3个菊花状黑色素斑和16个点状黑色素斑，靠近尾柄连成线状。背鳍起点位于体后方，与臀鳍起点平行，背鳍起点至吻端距离为体长的79.73%。背鳍鳍条15条，背鳍基底具12个黑色素斑。体中轴上从起始到尾柄具多个黑色素斑，连成线状。背鳍下方体中轴上方具多个浓黑色色素斑，一直延伸至尾鳍基底。臀鳍鳍条11条，臀鳍基底上具线状黑色素斑。肌节不可计数。

保存方式：甲醛

DNA条形码序列：

GCTCTAAGCCTTCTAATTCGGGCAGAACTTAGCCAGCCAGGCTCTCTCCTTGGAGATGAC
CAAATTTACAATGTTATTGTTACAGCACACGCCTTTGTAATAATTTTCTTTATAGTAATACCAATTA
TAATCGGTGGCTTCGGCAACTGACTTATCCCACTAATGATTGGAGCCCCTGACATAGCGTTCCCT
CGAATGAACAATATGAGCTTTTGGCTCCTCCCTCCCTCCTTCCTACTTCTATTAGCCTCTTCTGGA
GTTGAAGCAGGGGCAGGAACAGGATGAACTGTTTACCCCCCACTTGCCGGCAATCTTGCCCAC
GCAGGAGCATCTGTTGACCTAACAATTTTCTCCCTTCACTTGGCAGGGGTTTCGTCAATTCTCG
GGGCCATCAATTTTATTACTACAATTATTAATATGAAACCCCCAGCAATTTCTCAATATCAAACAC
CACTATTTGTTTGAGCAGTACTAATCACCGCTGTTCTCCTCCTTCTTTCCTTCCTGTTTTAGCTG
CCGGAATCACTATGCTTCTCACAGACCGAAACCTAAACACCACATTCTTCGACCCTGCTGGAGG
GGGTGATCCTATCCTTTACCAAC

金眼鲷目 Beryciformes

鳂科 Holocentridae

棘鳞鱼属 *Sargocentron* Fowler, 1904

>>> 斑纹棘鳞鱼 *Sargocentron punctatissimum*（Cuvier, 1829）

标本号：GDYH209；采集时间：2015-04-27；
采集海域：琼东海域，471渔区，19.250°N，112.250°E

中文别名：白鳞甲、金鳞甲

英文名：Speckled squirrel fish

形态特征：

该标本为全长12.35 mm、体长11.10 mm的斑纹棘鳞鱼仔鱼，处于弯曲后期，身体纺锤形。头长为体长的55.09%，头高为体长的28.07%；体高为体长的21.17%。上颌突出呈长矛状，吻长为头长的53.93%。眼大，近圆形，眼径为头长的26.32%。前鳃盖骨后具2枚强棘，第二枚强棘长于第一枚强棘，占头长的30.83%。肩带缝合部后缘具多个点状黑色素斑，从缝合部开始到背鳍和臀鳍末端前缘，躯干呈黑色。头顶具强大的上枕骨棘，占头长的50.60%。背鳍鳍棘发育中，背鳍鳍棘和鳍条可计数，共20条（枚）。背鳍起点至吻端距离为体长的58.71%。腹囊呈三角形，肛门开口于身体中后部，肛前距为体长的60.00%。臀鳍鳍条12条。尾柄较长，无色素。肌节不可计数。

保存方式：甲醛

DNA条形码序列：

GCCCTTAGTCTTCTCATCCGAGCTGAACTGAGCCAACCCGGAGCTCTTCTGGGAGACGAC
CAGATTTACAATGTTATTGTTACAGCACACGCATTTGTAATAATTTTCTTTATAGTAATGCCAATTA
TGATTGGAGGCTTTGGAAACTGACTAATTCCTCTAATAATCGGAGCCCCCGACATAGCATTCCCC
CGAATGAATAATATAAGCTTCTGACTACTCCCCCCTTCATTCCTGCTTTTACTAGCCTCCTCAGGA
GTAGAAGCTGGTGCCGGGACAGGATGAACGGTGTACCCACCCCTCGCAGGTAACTTAGCACAC
GCAGGGGCTTCTGTAGACCTAACTATTTTCTCACTTCATCTAGCAGGTATTTCCTCAATTCTAGG
GGCCATTAACTTCATTACAACTATTATCAACATAAAACCTCCTGCTATTTCCCAATACCAAACAC
CTCTATTCGTGTGAGCTGTCCTTATTACAGCCGTCCTTCTTCTCCTATCTCTACCTGTCCTGGCAG
CAGGAATTACCATGCTACTAACAGATCGTAATTTAAACACAACATTCTTCGACCCAGCAGGTGG
TGGAGACCCAATTCGTTACCAAC

十四 刺鱼目 Gasterosteiformes

海龙科 Syngnathidae

海马属 *Hippocampus* Rafinesque, 1810

>>> 三斑海马 *Hippocampus trimaculatus* Leach, 1814

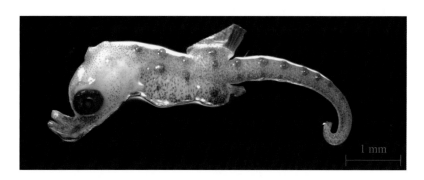

标本号：WSLH084；采集时间：2020-04-03；

采集海域：北部湾海域，415渔区，20.250° N，108.250° E

中文别名：海马

英文名：Longnose seahorse

形态特征：

该标本为全长6.89 mm的三斑海马仔鱼，无尾鳍。鳃孔小，位于鳃盖后上方；尾部向腹部开始卷曲。吻显著突出，似管状；吻长为头长的35.84%。眼大，圆形，眼径为头长的30.46%。头、体骨环尚未出现，头冠低。背鳍鳍条20/21条，背鳍起点至吻端距离为全长的42.09%。周身遍布点状黑色素斑。肛门开口于身体中部，肛前距为全长的52.81%。肛门之前的躯干具8个乳状突起；肛门后的躯干，靠近背侧具6个乳状突起，靠近腹侧乳状突起发育中。肌节不可计数。

保存方式：甲醛

DNA条形码序列：

CCTGTACTTAGTATTCGGTGCTTGAGCCGGAATAGTCGGCACTGCACTCAGCCTCCTAATT
CGAGCAGAACTAAGTCAACCAGGAGCTTTATTAGGAGATGATCAAATCTATAATGTTATTGTAAC
TGCTCATGCTTTTGTAATAATTTTCTTTATAGTAATACCAATTATAATTGGAGGATTTGGTAATTGA
TTAGTTCCTTTAATAATTGGAGCTCCTGACATGGCTTTTCCTCGAATAAATAATATAAGTTTTTGA
TTACTACCCCCCTCTTTCCTCCTCCTCCTTGCCTCATCAGGAGTAGAAGCTGGTGCAGGAACAG
GTTGAACTGTTTATCCTCCATTAGCAGGCAATCGGCACATGCCGGAGCTTCTGTTGACTTAACA
ATCTTCTCCCTTCATTTAGCAGGTGTCTCATCAATCCTAGGGGCTATTAACTTTATCACCACTATT
ATTAATATAAAACCTCCCTCAATCTCACAATACCAAACACCACTATTTGTATGAGCCGTCTTAGTA
ACCGCAGTATTACTTTTATTATCCCTACCTGTACTAGCAGCCGGCATTACTATGCTTCTAACAGAC
CGAAATTTAAACACGACATTCTTTGACCCATCTGGAGGGGGTGACCCTATTCTCTATCAACACTT
ATTC

十五 鲉形目 Scorpaeniformes

鲉科 Scorpaenidae

拟鲉属 *Scorpaenopsis* Heckel, 1840

>>> 拟鲉 *Scorpaenopsis* sp.

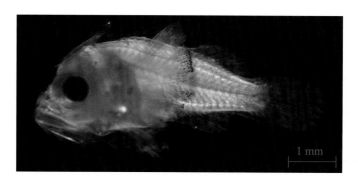

1 mm

标本号：GDYH100；采集时间：2015-04-23；

采集海域：东沙群岛北部海域，349渔区，21.750° N，116.250° E

中文别名：石头鱼

英文名：Weedy stingfish

形态特征：

该标本为全长6.19 mm、体长4.98 mm的拟鲉仔鱼，处于弯曲后期，身体纺锤形。头长为体长的39.17%，体高为体长的38.55%。口斜位，口裂达眼中部下方，下颌和上颌约等长，吻长为头长的32.70%。眼大，圆形，眼径为头长的40.30%。头上枕冠棘发达，占头长的70.37%。肛门位于身体中后部，肛前距为体长的60.85%。胸鳍薄而透明，呈翼状，伸达背鳍前端下方；胸鳍鳍膜末端具多个点状色素斑形成的斑带。背鳍基底和鳍褶发育中。臀鳍鳍褶退化，鳍条开始发育。尾鳍呈扇形。肌节可计数，为10+11。

保存方式：甲醛

DNA条形码序列：

GCCCTCAGCTTACTTATTCGAGCGGAGCTAAGCCAACCCGGAGCCTTACTCGGAGATGAC
CAAATTTATAACGTAATTGTTACGGCGCACGCCTTCGTAATAATTTTCTTTATAGTAATGCCAATTA
TGATTGGAGGCTTCGGGAACTGACTTATCCCGCTAATAATTGGAGCCCCAGATATGGCATTCCCC
CGAATGAATAATATGAGCTTTTGACTGCTCCCCCCTTCTTTCCTTCTTTTACTAGCCTCTTCCGGA
GTTGAAGCTGGTGCTGGTACCGGCTGAACAGTCTATCCGCCTCTGGCTGGTAATTTAGCCCATG
CGGGGGCATCTGTTGACTTAACAATTTTTTCACTCCACCTAGCCGGGATCTCGTCTATTCTAGGC
GCAATTAATTTTATTACCACTATTATTAACATGAAACCTCCAGCAATTTCGCAGTATCAAACACCC
CTATTCGTATGAGCTGTACTTATTACCGCAGTACTCCTTCTTCTTTCCCTTCCCGTCCTTGCTGCG
GGGATTACCATGCTTTTAACGGATCGTAATTTAAACACAACATTCTTTGACCCCGCAGGAGGTG
GTGACCCCATCCTTTACCAAC

鲂鮄科 Triglidae
红娘鱼属 *Lepidotrigla* Günther, 1860

>>> 翼红娘鱼 *Lepidotrigla alata*（Houttuyn, 1782）

标本号：FCZ09；采集时间：2014-01-15；

采集海域：企沙近海，374渔区，21.340° N，115.167° E

中文别名：角仔、鸡角

英文名：Forksnout searobin

形态特征：

该标本为全长8.32 mm、体长7.24 mm的翼红娘鱼仔鱼，处于弯曲期，身体长梭形。头部发达，头长为体长的33.01%，头高为体长的32.29%；体高为体长的14.74%。口前位，吻尖凸，口裂达眼中部下方，吻长为头长的32.59%。眼中等大，近圆形，眼径为头长的28.33%。眼后的脑上部有1个点状黑色素斑。腹囊呈贝壳形，其表面分布数个点状黑色素斑。肛门位于身体中前部，肛前距为脊索长的48.95%。背鳍鳍褶明显，发育中的鳍条可计数，为14条；第一背鳍起点至吻端距离为体长的33.57%。胸鳍发达，呈翼状；尾鳍较发达，呈扇形。臀鳍发育中，臀鳍基底可见发育中的鳍条，为12条，其上方靠前具1个点状黑色素斑。肌节可计数，为8+22。

保存方式：甲醛

DNA条形码序列：

GCTCTAAGCCTTCTCATCCGAGCAGAACTAAGCCAACCCGGCGCCCTTCTAGGGGATGAC
CAGATCTACAACGTTATCGTTACTGCTCATGCCTTCGTAATGATTTTCTTTATAGTAATACCAATCA
TGATTGGCGGCTTCGGAAACTGACTAATCCCCCTGATAATTGGTGCCCCCGACATGGCCTTCCC
CCGAATAAACAACATGAGCTTCTGACTTCTTCCCCCATCTTTCCTTCTCCTCCTTGCCTCTTCTG
GGGTAGAAGCCGGTGCTGGGACAGGATGAACTGTCTACCCTCCCCTAGCCGGCAATTTAGCCC
ATGCCGGAGCCTCTGTAGACCTAACTATCTTCTCCCTCCACCTAGCGGGCATCTCCTCAATTCTT
GGTGCAATTAACTTCATCACAACCATCATCAACATGAAACCTCCCGCAATCTCCCAATACCAAA
CTCCCCTCTTTGTGTGATCCGTGCTAATCACCGCCGTCCTCCTTCTACTATCCCTTCCTGTCCTTG
CTGCAGGCATTACAATGCTTCTTACGGACCGTAATCTAAACACCACCTTCTTCGACCCTGCCGG
AGGGGGAGACCCCATTCTTTACCAAC

鲬科 Platycephalidae

瞳鲬属 *Inegocia* Jordan & Thompson, 1913

>>> 日本瞳鲬 *Inegocia japonica*（Tilesius, 1812）

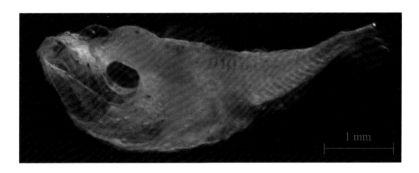

标本号：BBWZ65；采集时间：2013-11-04；
采集海域：斜阳岛海域，390渔区，20.643° N，109.257° E

中文别名：牛尾鱼、竹甲

英文名：Japanese flathead

形态特征：

该标本为全长5.07 mm、脊索长4.52 mm的日本瞳鲬仔鱼，处于弯曲前期，身体侧扁。头大，头长为脊索长的40.99%，头高为脊索长的38.96%。口斜位，下颌长于上颌，口裂达眼中部下方，吻长为头长的32.52%。眼大，圆形，眼径为头长的29.99%。颅顶凸起，具1个菊花状黑色素斑。背鳍鳍褶退化，背鳍基底和鳍条开始发育，第一背鳍起点至吻端距离为脊索长的50.36%，背鳍前部基底下方具2个辐射状黑色素斑。背部有6个肌间隔具线状浅黑色素斑。腹囊长圆形，消化道盘旋于内；肛门开口于身体后部，肛前距占脊索长的67.21%。臀鳍鳍褶退化中，臀鳍基底开始发育。肌节可计数，为11+15。

保存方式：甲醛

DNA条形码序列：

GCCCTAAGCCTCCTTATCCGAGCCGAACTAAGCCAACCCGGAGCTCTTCTAGGCGATGAT
CAAATTTATAACGTTATTGTTACAGCCCATGCTTTCGTAATAATTTTCTTTATAGTTATACCAATCA
TGATTGGGGGGTTTGGAAACTGACTTATCCCACTTATAATTGGAGCCCCAGACATGGCATTCCC
CCGCATGAATAACATAAGCTTCTGACTTCTGCCCCCATCTTTCCTGCTCCTCCTCGCCTCCTCTG
CTGTAGAAGCTGGTGCAGGTACCGGATGAACAGTCTACCCCCCTCTAGCAGGCAACCTAGCCC
ACGCCGGAGCCTCCGTAGACCTCACAATTTTCTCCCTCCACTTAGCAGGGATTTCTTCAATCTTA
GGCGCTATTAACTTTATTACAACAATTATTAATATGAAACCCGCAGCAATCACACAATATCAAAC
ACCACTATTCGTGTGAGCGGTATTAATTACTGCAGTTCTACTACTTCTCTCCCTACCAGTTCTCGC
TGCCGGCATCACAATGCTCCTAACCGACCGAAACCTTAACACAACTTTCTTTGACCCCGGTGGA
GGCGGAGACCCTATTCTTTACCAAC

鲬属 *Platycephalus* Miranda Ribeiro, 1902

>>> 褐斑鲬 *Platycephalus* sp.1（sensu Nakabo, 2002）

标本号：BBWZ49；采集时间：2013-11-06；
采集海域：北部湾海域，416渔区，20.043° N，108.693° E

中文别名：牛尾鱼

英文名：Japanese flathead

形态特征：

该标本为全长11.33 mm、体长10.45 mm的褐斑鲬稚鱼，处于稚鱼初期，可见尾部脊索末端向上弯曲。身体梭形，侧扁，鱼体较厚。头较大，头长占体长的40.00%。口上位，口裂大，至眼前部下方，下颌长于上颌，吻长为头长的31.00%。上颌中后部至眼前缘具鞍状黑色素斑。眼大，圆形，眼径为头长的24.00%。第一背鳍由鳍棘组成，鳍棘强大，共6枚，第一枚小，第三枚最为强大。腹鳍由棘和鳍条组成，第二棘巨大，棘长为头长的71.00%。眼后缘至第二背鳍末端持续分布辐射状色素带，色素带宽度为眼径的67.00%左右。胸鳍全部覆盖黑色素，呈黑色。肌节不可计数。

保存方式：甲醛

DNA条形码序列：

GCCCTGAGCCTACTTATTCGAGCTGAACTCAGCCAACCCGGCGCTTTACTGGGCGACGAC
CAGATCTACAATGTAATCGTCACAGCCCATGCCTTTGTAATAATTTTTTTTATGGTCATGCCAATC
ATGATCGGCGGCTTTGGCAACTGACTTATTCCCCTAATAATCGGCGCGCCAGACATGGCATTCCC
TCGGATAAACAACATGAGCTTCTGACTCTTACCTCCATCTTTCCTACTTCTCCTAGCCTCCTCAG
CCGTAGAAGCTGGGGCAGGAACCGGATGAACAGTCTACCCTCCCCTATCAAGCAATCTAGCCC
ATGCGGGAGCTTCTGTTGACCTGACAATCTTTTCCCTCCATTTAGCAGGGATTTCTTCAATTCTT
GGGGCCATTAACTTCATTACAACGATTATTAATATAAAACCCATTGCTATCACTCAATACCAAAC
ACCTCTATTTGTATGGTCGGTCCTTATTACGGCCGTTCTTCTTCTCCTTTCCCTACCTGTTCTGGC
TGCCGGCATCACAATACTACTTACAGACCGAAACCTAAATACCACCTTCTTTGATCCTGCAGGA
GGAGGAGACCCTATTTTATACCAAC

十六 鲈形目 Perciformes

双边鱼科 Ambassidae

双边鱼属 *Ambassis* Cuvier, 1828

>>> 眶棘双边鱼 *Ambassis gymnocephalus*（Lacepède, 1802）

标本号：JHZ02；采集时间：2013-10-12；

采集海域：江洪近海，364渔区，21.036°N，109.704°E

中文别名：裸头双边鱼

英文名：Bald glassy

形态特征：

该标本为全长8.07 mm、体长6.56 mm的眶棘双边鱼仔鱼，处于弯曲期，身体梭形。头大，头长为体长的31.83%；体高为体长的27.85%。口斜位，下颌长于上颌，口裂至眼中部下方，吻长为头长的29.93%。上、下颌吻端呈黑色，上颌上方具1个黑色素斑。颅顶具6~8个菊花状黑色素斑。眼大，圆形，眼径为头长的34.77%。眼后上方具1个辐射状黑色素斑。腹囊呈梯形，鳔明显。肛门位于身体中部略靠前，肛前距为体长的46.88%。背鳍鳍棘8枚，鳍条9条，背鳍基底至后方具1条淡黄色色素带。吻端至第一背鳍起点距离为体长的39.96%。臀鳍鳍棘3枚，鳍条9条。肌节可计数，为7+15。

保存方式：甲醛

DNA条形码序列：

GCCTTGAGCCTACTCATCCGAGCAGAATTAAGCCAACCCGGCTCCCTTCTTGGAGACGAT
CAGATTTATAATGTTATCGTAACCGCGCATGCTTTCGTCATGATTTTCTTCATAGTTATACCAATTA
TGATTGGAGGCTTTGGGAACTGACTAGTTCCACTAATAATCGGAGCCCCAGACATGGCATTCCC
CCGAATAAACAACATAAGCTTCTGACTTCTACCTCCCTCCTTCCTCCTTCTTCTTGCCTCCTCAG
GCGTAGAAGCAGGCGCCGGAACAGGTTGAACCGTCTACCCCCCACTAGCAGGCAATCTAGCCC
ACGCAGGTGCATCCGTAGACCTAACAATCTTCTCTCTCCACTTAGCAGGTGTTTCTTCAATTTTA
GGAGCAATTAACTTTATTACTACAATCATTAACATGAAACCCCCTGCCATCACCCAGTATCAAAC
CCCTCTATTCGTCTGAGCTGTTCTTATTACAGCAGTACTCCTACTCCTCTCTTCCTGTTCTAGC
TGCTGCTATTACAATACTACTAACAGATCGAAACCTCAACACCTCTTTCTTCGATCCCGCAGGAG
GCGGAGACCCAATTCTTTACCAAC

鮨科 Serranidae

鸢鮨属 *Triso* Randall, Johnson & Lowe, 1989

>>> 鸢鮨 *Triso dermopterus*（Temminck & Schlegel, 1842）

标本号：DSZ48；采集时间：2014-04-23；

采集海域：东沙群岛西北海域，374渔区，21.250° N，115.250° E

中文别名：石斑鱼、鲙鱼

英文名：Oval grouper

形态特征：

该标本为全长12.12 mm、体长9.88 mm的鸢鮨稚鱼，身体侧扁，背部拱起，呈三角形。头大，头长为体长的36.66%，头长与头高相近，头高为体长的36.95%。口斜位，口裂达眼前部下方。下颌和上颌约等长，吻长为头长的24.81%。眼大，圆形，眼径为头长的34.42%。外部前鳃盖棘为强棘，边缘呈棕黑色。颅顶具菊花状黑色素丛。背鳍鳍棘9枚，鳍条20条；第二棘异常强大，边缘锯齿状，长度为体长的62.64%。背鳍鳍棘起点至吻端距离为体长的36.85%。腹囊三角形，大部分被黑色素斑覆盖。肛门位于身体中部靠后，肛前距为体长的57.48%。臀鳍鳍棘3枚，鳍条10条。尾柄处具1个大型黑色素斑。肌节可计数，为9+15。

保存方式：甲醛

DNA条形码序列：

GCCCTTAGCCTACTAATTCGAGCCGAGCTAAGCCAACCAGGGGCTCTACTAGGCGACGAT
CAGATCTATAACGTAATTGTTACAGCACACGCCTTCGTAATAATTTTCTTTATAGTAATACCGATT
ATGATCGGCGGGTTTGGAAACTGGCTTATCCCCCTAATAATTGGTGCCCCGACATGGCATTCCC
TCGAATAAACAACATAAGCTTCTGACTTCTTCCCCCCTCTTTCCTTCTTCTTCTTGCATCTTCTGG
GGTGGAGGCTGGTGCTGGTACGGCTGAACAGTCTACCCGCCCCTGGCCGGAAACTTGGCACA
TGCAGGAGCATCTGTCGACCTTACTATTTTCTCCCTTCATTTAGCAGGGGTCTCATCCATTTTAG
GAGCAATTAACTTTATTACAACCATCGTTAACATGAAACCCCCTGCCGTCTCCCAGTATCAGAC
GCCTTTATTTGTATGGGCTGTACTAATCACGGCAGTACTTCTACTACTATCCCTCCCCGTTCTTGC
CGCCGGCATTACAATGCTATTAACCGATCGAAACCTTAACACCACCTTCTTTGACCCAGCCGGA
GGAGGAGACCCCATTCTTTACCAGC

大眼鲷科 Priacanthidae

大眼鲷属 *Priacanthus* Oken, 1817

>>> 深水大眼鲷 *Priacanthus fitchi* Starnes, 1988

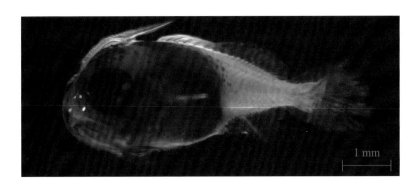

标本号：GDYH145；采集时间：2015-04-20；

采集海域：珠江口外海，428渔区，20.150° N，114.750° E

中文别名：红目连

英文名：Deepsea bigeye

形态特征：

该标本为全长6.27 mm、体长5.31 mm的深水大眼鲷仔鱼，处于弯曲期，尾部末端脊索向上弯曲，身体侧扁。头宽大，头长是体长的42.90%，头高是体长的40.59%。脑部具辐射状黑色素斑，其上方具1枚发达的上枕骨棘，其长度约为头长的90.70%。口裂大，延伸至眼中部下方。吻长占头长的20.54%。眼发达，圆形，眼径为头长的43.62%。鳃盖骨边缘锯齿状，前鳃盖棘较发达，末端未及肛门前位置。腹囊圆形，已几乎不可见，其上为发达的色素所覆盖。肛门开口于体长的61.13%处。吻端至肛门的躯干为密集色素所覆盖，呈黑色；肛门至尾端、尾柄至臀鳍后部上方，尚未见黑色素发育。背鳍鳍棘发育中，可计数为7枚，鳍条16条；臀鳍鳍棘尚未发育，鳍条可计数，为16条。肛前肌节已不可计数，肛后肌节可计数，为11。

保存方式：甲醛

DNA条形码序列：

GCTTTAAGCCTTCTCATCCGCGCAGAGCTAAGCCAACCAGGCTCTCTCCTTGGAGACGAC
CAAATTTACAATGTAATTGTTACAGCCCACGCATTTGTAATAATCTTCTTTATAGTAATGCCAGTA
ATAATTGGGGGTTTCGGAAACTGACTTATCCCTCTGATGATCGGAGCACCTGACATGGCATTCCC
TCGAATAAACAATATGAGCTTCTGGCTTCTACCCCCCTCTTTCCTCCTCCTACTAACCTCCTCAG
CCGTTGAGGCCGGGGCTGGTACAGGATGAACAGTGTACCCTCCTCTAGCCGGCAATCTAGCCC
ACGCAGGGGCATCAGTTGACCTGGCTATCTTTTCACTTCACTTAGCAGGGATCTCTTCAATTCTA
GGGGCTATCAACTTCATCACAACAATTACCAACATGAAACCCCCAGCCATCTCCCTTTACCAAA
CCCCCCTGTTTGTTTGAGCCGTTCTAATTACAGCTGTACTACTCCTTCTTGCCCTCCCAGTCCTG
GCTGCGGGCATCACCATGCTCCTGACAGATCGAAACCTAAACACAACCTTCTTCGACCCTGCA
GGGGGAGGGGATCCAATTCTTTACCAAC

>>> **短尾大眼鲷** *Priacanthus macracanthus* Cuvier, 1829

标本号：GDYH36；采集时间：2015-04-16；

采集海域：琼州海峡以东海域，422渔区，20.083°N，111.750°E

中文别名：目连

英文名：Red bigeye

形态特征：

该标本为全长6.40 mm、体长5.38 mm的短尾大眼鲷仔鱼，处于弯曲后期，尾部末端脊索向上弯曲，身体侧扁，各部位鳍条开始发育良好，可计数。头宽大，头长是体长的42.33%，头高是体长的41.39%。脑部具辐射状黑色素斑，其上方具1枚发达的上枕骨棘，其长度约为头长的90%。口裂大，延伸至眼中部下方，吻长占头长的27.22%。眼发达，圆形，眼径为头长的42.14%。鳃盖骨边缘锯齿状，前鳃盖棘发达，与上枕骨棘约等长，末端达肛门后位置。腹囊圆形，已几乎不可见，其上为发达的色素所覆盖。肛门开口于体长的57.65%处。吻端至肛门的躯干为密集色素所覆盖，呈黑色；肛门至尾端、尾柄至臀鳍后部上方，尚未见黑色素发育。背鳍鳍棘10枚，鳍条14条；臀鳍鳍棘3枚，鳍条15条。肛前肌节已不可计数，肛后肌节可计数，为15。

保存方式：甲醛

DNA条形码序列：

GCTTTAAGCCTTCTCATCCGTGCGGAGCTTAGTCAACCAGGATCACTTCTGGGAGATGAC

CAAATTTACAATGTCATTGTAACAGCCCACGCATTTGTAATAATCTTCTTTATAGTAATACCAGTA
ATAATTGGGGGCTTTGGAAATTGACTGATTCCACTAATGATCGGAGCACCTGATATAGCATTTCC
CCGAATAAATAACATAAGCTTCTGACTTCTCCCGCCTTCCTTCCTTCTTCTCCTAACCTCCTCAG
CCGTAGAAGCAGGGGCGGGGACAGGGTGAACAGTTTACCCTCCACTGTCCGGCAATCTAGCCC
ACGCAGGAGCCTCCGTCGATCTAGCCATCTTTTCCCTTCACCTGGCCGGTATCTCCTCAATCCTA
GGGGCCATCAACTTCATTACAACAATTATTAACATGAAACCCCCTGCCATCACCCTTTACCAAAC
CCCTCTGTTTGTCTGAGCCGTTCTAATTACAGCCGTCCTGCTACTTCTAGCCCTCCCTGTCCTAG
CTGCAGGCATCACTATGCTCCTGACAGACCGAAACCTAAACACAACCTTTTTTGATCCTGCAGG
CGGGGGAGACCCAATCCTGTACCAAC

锯大眼鲷属 *Pristigenys* Agassiz, 1835

>>> 日本锯大眼鲷 *Pristigenys niphonia*（Cuvier, 1829）

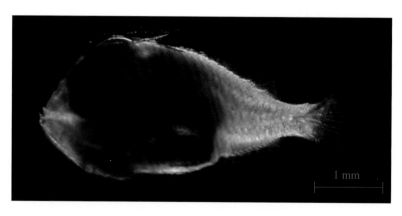

标本号：GDYH292；采集时间：2015-08-08；
采集海域：文昌外海，450渔区，19.572°N，113.236°E

中文别名：红目连、大目连

英文名：Japanese bigeye

形态特征：

该标本为全长4.81 mm、体长4.21 mm的日本锯大眼鲷仔鱼，处于弯曲期，尾部末端脊索向上弯曲，身体侧扁，各部位鳍条开始发育，部分可计数。头宽大，头长是体长的42.33%，头高是体长的41.39%。脑部具辐射状黑色素斑，其上方具1枚发达的上枕骨棘，长度约为头长的87.00%。口裂大，延伸至眼中部下方，吻长占头长的27.06%。眼发达，圆形，眼径为头长的39.78%。鳃盖骨边缘锯齿状，前鳃盖棘较为发达，末端未达肛门前位置。腹囊圆形，已几乎不可见，其上为发达的色素所覆盖。肛门开口于体长的57.65%处。吻端至肛门的躯干为密集色素所覆盖，呈黑色；肛门至尾端色素尚未发育。背鳍鳍棘尚未发育，鳍条14条；臀鳍鳍棘尚未发育，鳍条可计数，为12条。肌节可计数，为9/10+13/14。

保存方式：甲醛

DNA条形码序列：

GCCTTAAGCCTTCTCATCCGGGCAGAGCTAAGCCAGCCCGGTGCCCTTCTAGGGGACGAC
CAGATCTACAATGTAATTGTTACAGCACATGCATTTGTAATAATTTTCTTTATAGTAATGCCAATT
ATAATTGGAGGATTTGGAAACTGACTTATCCCCTTGATAATTGGGGCCCCGATATGGCATTTCC
TCGAATGAACAACATGAGCTTCTGACTTCTTCCCCCCTCATTTCTACTTCTACTAGCCTCTTCAG
GAGTAGAAGCTGGCGCGGGAACCGGGTGAACAGTCTACCCCCCTCTAGCCGGCAACCTTGCCC
ACGCTGGAGCCTCCGTCGATCTGACAATTTTCTCCCTCCATCTAGCAGGTATTTCTTCAATCCTG
GGGGCCATCAATTTTATTACAACTATCATCAACATAAAACCCCTGCCATCTCACAATACCAGAC
CCCCTTATTTGTGTGAGCTGTCCTAATTACTGCGGTTCTTCTCCTCCTCTCACTCCCAGTTCTTGC
CGCAGGGATTACCATGCTCCTTACAGATCGAAACCTTAATACCACCTTCTTTGACCCGGCGGGG
GGAGGAGACCCCATCCTGTACCAAC

天竺鲷科 Apogonidae

天竺鲷属 *Apogon* Lacepède, 1801

>>> **粉红天竺鲷** *Apogon erythrinus* Snyder, 1904

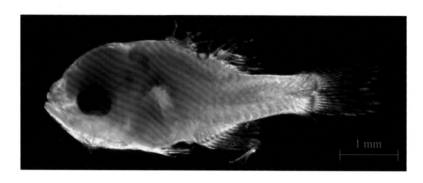

标本号：GDYH239；采集时间：2015-05-07；

采集海域：文昌外海，472渔区，19.406° N，112.727° E

中文别名：天竺鱼、大面侧仔、大目侧仔

英文名：Hawaiian ruby cardinalfish

形态特征：

该标本为全长5.84 mm、体长4.70 mm的粉红天竺鲷稚鱼，身体侧扁。头大，头长为体长的36.81%；体高为体长的39.68%。脑后方具3个大型浅色块状色素斑。口斜位，下颌和上颌约等长。吻钝尖，上、下颌具浅棕色点状色素斑，吻长为头长的32.20%；口裂达眼前部下方。眼大，近圆形，眼径为头长的35.14%。腹囊三角形，上缘呈淡黑色。肛门位于身体中部略靠后，肛前距为体长的53.51%。背鳍起点至吻端距离为体长的44.17%。腹鳍鳍条长达肛门下方。臀鳍鳍条可计数，为10条；尾鳍略呈叉形。肛前肌节不可计数，肛后肌节数为13。

保存方式：甲醛

DNA条形码序列：

GCCCTCAGCCTACTCATTCGAGCAGAGCTAAGCCAGCCCGGAGCCCTTCTTGGCGACGAC
CAGATTTATAATGTCATTGTTACAGCGCATGCGTTCGTAATGATTTTCTTTATAGTAATGCCAATC
ATGATTGGAGGCTTTGGGAACTGACTAATTCCGCTGATGATCGGCGCCCCTGACATGGCATTCC
CCCGAATGAATAATATGAGCTTCTGACTCCTCCCTCCTTCATTCCTTCTCCTGCTTGCCTCCTCTG
GAGTAGAAGCAGGGGCTGGAACCGGGTGAACAGTCTACCCCCCACTTGCGGGCAATCTGGCC
CACGCAGGAGCTTCTGTTGACCTTACAATCTTTTCCCTGCACCTGGCAGGTATTTCATCGATCCT
TGGAGCTATTAATTTTATTACCACAATTATTAATATGAAACCCCTGCTATTACCCAATACCAGAC
CCCTCTGTTTGTGTGAGCAGTACTAATCACAGCTGTTCTTCTCCTTCTCTCCCTACCTGTATTAGC
CGCCGGAATTACAATGCTACTTACAGATCGAAACCTTAACACGACCTTCTTTGACCCAGCAGGA
GGAGGAGACCCTATTCTGTATCAAC

>>> 半线天竺鲷 *Apogon semilineatus* Temminck & Schlegel, 1843

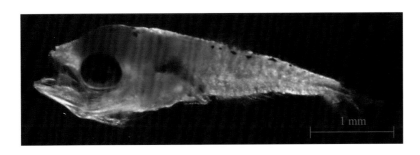

标本号：GDYH247；采集时间：2015-05-11；
采集海域：东沙群岛北部海域，349渔区，21.679° N，116.325° E

中文别名：天竺鱼、大面侧仔、大目侧仔

英文名：Half-lined cardinalfish

形态特征：

该标本为全长4.20 mm、脊索长3.67 mm的半线天竺鲷仔鱼，处于弯曲前期，身
体延长，侧扁。头大，头长为脊索长的38.01%；体高为脊索长的26.65%。口斜位，
下颌长于上颌，口裂达眼中部下方；吻尖，吻长为头长的40.57%。颅顶具4个点状黑

色素斑。眼大，近圆形，眼径为头长的35.84%。背鳍基底开始发育，体背部一侧具一列大小不一的黑色素斑，第一背鳍起点至吻端距离为脊索长的46.30%。腹囊近三角形，上缘至肛门处黑色素丛密集，呈带状。肛门位于身体中部略靠后，肛前距为脊索长的54.20%。臀鳍鳍条可计数，为6条。肌节可计数，为6+15。

保存方式：甲醛

DNA条形码序列：

GCACTTAGCCTTCTCATTCGAGCTGAGCTGAGCCAACCCGGGGCCCTCCTCGGCGATGAT
CAGATCTACAATGTTATCGTTACAGCACACGCATTCGTAATAATCTTCTTTATAGTAATACCAATTA
TGATTGGAGGCTTTGGGAACTGACTGATCCCCCTTATGATTGGTGCCCCTGATATGGCATTCCCT
CGGATGAACAATATGAGCTTTTGGCTTCTTCCCCCCTCTTTTCTTCTTCTACTTGCTTCCTCCGGT
GTAGAGGCTGGAGCCGGGACAGGATGAACTGTTTATCCCCCTCTTGCGGGCAATCTTGCTCATG
CAGGAGCTTCTGTTGATTTAACCATCTTTTCTCTTCACCTAGCTGGTGTGTCATCAATTCTGGGA
GCAATTAATTTCATTACTACAATTATTAACATGAAACCCCCTGCTATCACTCAATACCAGACCCCT
CTGTTTGTGTGAGCGGTCCTAATTACTGCAGTTCTTCTTCTTCTTTCCCTGCCCGTTCTAGCAGC
CGGCATTACAATGCTTCTGACAGACCGGAATCTAAATACAACCTTCTTTGACCCAGCGGGAAGT
GGAGACCCAATTCTTTACCAAC

银口天竺鲷属 *Jaydia* Smith, 1961

>>> **黑边银口天竺鲷** *Jaydia truncata*（Bleeker, 1854）

标本号：DSZ75；采集时间：2015-04-22；
采集海域：汕头海域，330渔区，22.250° N，116.750° E

中文别名：天竺鱼、大面侧仔、大目侧仔

英文名：Flagfin cardinalfish

形态特征：

该标本为全长5.13 mm、体长4.46 mm的黑边银口天竺鲷仔鱼，处于弯曲期，身体细长，稍侧扁。头大，头长为体长的35.02%；体高为体长的27.27%。口斜位，口裂达眼前部下方，下颌和上颌约等长。吻钝，吻长为头长的33.65%。头枕骨棘明显。眼大，圆形，眼径为头长的40.38%。眼下方具1个明显的点状黑色素斑。腹囊三角形，其左侧暗色，顶部具1个大型黑色素块，靠近肛门两侧具小型色素斑。肛门位于身体中部略靠后，肛前距为体长的54.55%。背鳍基底开始发育，背鳍起点至吻端距离为体长的48.48%。臀鳍鳍褶未退化，体腹部具10个块状的黑色素斑排列分布，其后具1个小点状黑色素斑。肌节可计数，为9+14。

保存方式：甲醛

DNA条形码序列：

GCTCTTAGCCTGCTTATTCGGGCCGAACTAAGCCAACCAGGAGCCCTTCTCGGCGACGAC
CAAATCTATAATGTAATCGTTACAGCACACGCATTCGTAATAATTTTCTTTATAGTAATACCAATTA
TGATTGGAGGCTTTGGGAACTGATTAATCCCTCTGATAATCGGCGCCCCTGACATAGCATTCCCC
CGAATAAACAATATGAGCTTCTGACTACTTCCCCCCTCATTCCTCCTTCTGCTTGCCTCTTCAGG
CGTAGAAGCCGGGGCCGGGACGGGATGAACAGTTTATCCCCCTCTTGCAGGCAATCTTGCCCA
CGCGGGGGGCCTCTGTAGATTTAACAATTTTCTCTCTACATCTTGCAGGGATCTCCTCAATCTTGG
GGGCCATTAACTTCATTACAACAATCATTAACATGAAACCGCCTGCCATTACTCAGTACCAAAC
CCCCTTATTCGTCTGAGCTGTCCTTATTACCGCTGTCCTTCTTCTTCTGTCTCTTCCTGTTCTAGC
AGCCGGCATCACAATGCTCCTGACAGACCGAAACCTAAATACAACCTTCTTTGACCCGGCAGG
GGGCGGGGACCCAATCCTCTATCAAC

>>> 斑鳍银口天竺鲷 *Jaydia carinatus*（Cuvier, 1828）

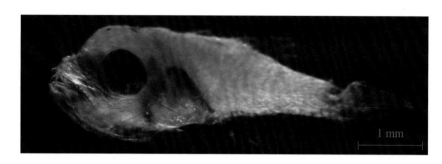

标本号：BBWZ305；采集时间：2014-04-23；

采集海域：北部湾口海域，558渔区，17.270° N，109.256° E

中文别名：天竺鱼、大面侧仔、大目侧仔

英文名：Ocellate cardinalfish

形态特征：

该标本为全长5.74 mm、体长4.57 mm的斑鳍银口天竺鲷仔鱼，处于弯曲期，身体侧扁。头大，头顶具2个黑色素斑，头长为体长的42.42%；体高为体长的32.50%。口斜位，口裂达眼前部下方，下颌略长于上颌，吻长为头长的42.05%；眼大，近圆形，眼径为头长的39.68%。前鳃盖骨具棘5枚，以第二棘最长。腹囊三角形，上缘呈黑色。肛门位于身体中部靠后，肛前距为体长的56.07%。第一背鳍起点至吻端距离为体长的47.53%。背鳍鳍条基底开始发育，背鳍鳍棘可计数，为7条，腹鳍和臀鳍发育中。肌节不可计数。

保存方式：甲醛

DNA条形码序列：

GCTCTTAGCTTACTTATTCGAGCCGAACTAAGCCAACCCGGAGCCCTTCTTGGTGATGACC
AAATCTACAATGTAATCGTTACAGCACATGCATTTGTTATGATTTTCTTTATAGTAATACCAATTAT
GATTGGAGGCTTTGGAAACTGATTAATTCCCCTGATGATTGGCGCCCCCGACATGGCATTCCCC
CGAATGAACAACATGAGTTTCTGACTCCTCCCTCCTTCATTCCTTCTTCTCCTTGCCTCCTCAGG
CGTAGAAGCTGGAGCTGGGACCGGATGAACGGTCTATCCCCCTCTCGCAGGAAACCTCGCTCA

CGCAGGGGCCTCGGTAGACTTGACAATTTTTTCCCTTCATCTTGCAGGGATCTCGTCAATTCTA
GGGGCTATTAACTTTATTACCACAATTATTAATATGAAACCACCTGCCATCACTCAGTACCAAAC
CCCTCTTTTCGTCTGAGCTGTTCTCATCACCGCAGTACTCCTGCTTTTATCCCTACCTGTCCTAGC
CGCAGGAATCACAATGCTCCTCACTGATCGAAATCTAAATACAACCTTCTTTGACCCAGCAGGA
GGAGGTGATCCAATCCTTTATCAAC

鹦天竺鲷属 *Ostorhinchus* Lacepède, 1802

>>> 宽条鹦天竺鲷 *Ostorhinchus fasciatus*（White, 1790）

标本号：GDYH233；采集时间：2015-05-06；
采集海域：文昌外海，449渔区，19.537° N，112.730° E

中文别名：天竺鱼、大面侧仔、大目侧仔

英文名：Broadbanded cardinalfish

形态特征：

该标本为全长5.81 mm、体长5.04 mm的宽条鹦天竺鲷仔鱼，处于弯曲期，身体细长，稍侧扁。头大，头长为体长的35.11%；体高为体长的24.93%。口斜位，口裂达眼前部下方，下颌略长于上颌，吻略尖，吻长为头长的29.73%。前鳃盖骨具棘5枚，以第二棘和第三棘较长。眼大，圆形，后方具1个点状黑色素斑，眼径为头长的39.85%。腹囊呈桃形，上缘至右侧肛门呈黑色，肛门位于身体中部略靠后，肛前距为体长的54.96%。背鳍基底具10个点状黑色素斑排列分布，背鳍起点至吻端距离为体长的51.15%。腹鳍发育中，臀鳍半透明，尾鳍扇形。肌节可计数，为7+13。

保存方式：甲醛

DNA条形码序列：

GCGCTCAGCCTGCTCATTCGAGCCGAGCTAAGCCAACCCGGGGCCCTTCTTGGCGACGA
CCAAATTTATAATGTGATCGTTACAGCACACGCATTCGTAATAATTTTCTTTATAGTGATACCAAT
TATGATTGGAGGCTTTGGGAACTGACTAATTCCTTTAATAATCGGTGCCCCCGATATGGCATTCC
CCCGAATGAATAACATGAGCTTTTGACTCCTCCCTCCCTCCTTCCTTCTTCTGCTCGCCTCCTCA
GGCGTAGAAGCTGGGGCCGGAACCGGTTGAACTGTGTACCCCCCTCTCGCAGGTAACCTTGCT
CATGCAGGAGCCTCCGTTGACCTAACAATCTTCTCCCTCCACCTGGCAGGTATTTCCTCAATTCT
AGGGGCAATTAACTTCATTACTACAATTATTAACATGAAGCCTCCTGCTATTACCCAGTACCAAA
CTCCCCTGTTCGTGTGGGCGGTTCTCATTACTGCAGTCCTTCTCCTTCTTTCTCTTCCTGTCCTAG
CAGCCGGCATCACGATGCTCCTGACAGACCGAAACCTAAATACGACCTTCTTTGATCCAGCAGG
AGGCGGTGACCCCATTCTTTACCAAC

>>> 鹦天竺鲷 *Ostorhinchus* sp.

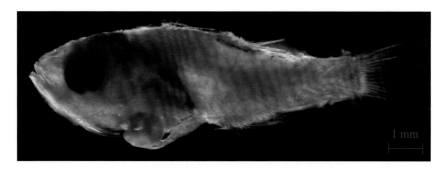

标本号：GDYH158；采集时间：2015-04-22；
采集海域：汕头海域，330渔区，22.083°N，116.583°E

中文别名：天竺鱼、大面侧仔、大目侧仔

英文名：Cardinalfish

形态特征：

该标本为全长12.01 mm、体长9.99 mm的鹦天竺鲷仔鱼，身体细长，稍侧扁。头大，头部后缘至腹囊后缘黑色素沉淀成片，头长为体长的33.71%，头高为体长的29.57%；体高为体长的31.48%。口斜位，口裂达眼前部下方，下颌略长于上颌，吻钝尖，吻长为头长的31.60%。前鳃盖骨具棘5枚。眼大，近圆形，眼径为头长的41.49%。颅顶具菊花状黑色素斑，聚成丛状。腹囊桃形，从顶部到后侧被黑色素带覆盖。肛门位于身体中部略靠后，肛前距为体长的53.90%。背鳍基底具条状黑色素带，第一背鳍起点至吻端距离为体长的36.57%。臀鳍鳍条发育中。尾鳍截形。肌节不可计数。

保存方式：甲醛

DNA条形码序列：

GCGCTCAGCCTGCTCATTCGAGCCGAGCTGAGCCAACCCGGAGCCCTTCTTGGCGACGACCAGATTTATAATGTAATCGTTACAGCACACGCATTCGTTATAATTTTCTTTATAGTAATGCCCATCATAATTGGAGGCTTCGGAAACTGGCTTATCCCTCTGATGATCGGTGCCCCCGACATAGCATTCCCCCGAATAAATAATATGAGCTTTTGGCTTCTCCCGCCGTCCTTCCTTCTTCTGCTCGCCTCCTCAGGCGTAGAGGCAGGTGCCGGAACCGGGTGAACGGTATACCCCCCTCTCGCGGGGAACCTTGCTCATGCTGGAGCATCCGTAGACTTAACAATTTTCTCCCTGCATCTAGCAGGGATTTCCTCAATTCTGGGGGCCATTAACTTCATTACTACAATTATCAATATGAAACCTCCCGCTATTACCCAATACCAGACCCCCCTGTTCGTCTGAGCGGTTCTTATTACTGCAGTTCTTCTTTTACTCTCTCTCCCTGTTCTAGCAGCCGGTATTACAATGCTTCTAACAGACCGAAATCTAAATACAACCTTCTTCGACCCAGCAGGAGGCGGAGACCCCATTCTCTATCAAC

箭天竺鲷属 *Rhabdamia* Weber, 1909

>>> 箭天竺鲷 *Rhabdamia gracilis*（Bleeker, 1856）

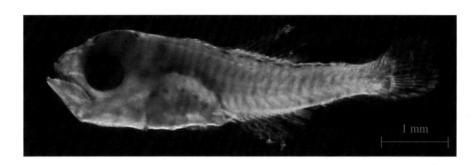

标本号：GDYH267；采集时间：2015-05-07；

采集海域：文昌外海，472渔区，19.406° N，112.727° E

中文别名：天竺鱼

英文名：Luminous cardinalfish

形态特征：

该标本为全长5.89 mm、体长5.20 mm的箭天竺鲷仔鱼，处于弯曲期，身体细长，稍侧扁。头大，头顶中后方具3个点状黑色素斑，头长为体长的31.13%；体高为体长的25.56%。口斜位，口裂达眼前部下方，下颌略长于上颌；吻略尖，吻长为头长的36.24%。眼大，近圆形，眼径为头长的37.23%。腹囊桃形，其上具5个点状黑色素斑，腹囊上缘呈棕黑色。肛门位于身体中部略靠后，肛前距为体长的54.01%。背鳍鳍棘发育中，鳍条可计数，为9条，基底具9/10个斑块状黑色素斑排列，第一背鳍起点至吻端距离为体长的40.38%。体腹部靠后具3个浅色黑色素斑。臀鳍鳍条10条。尾鳍楔形，肌节可计数，为9+14。

保存方式：甲醛

DNA条形码序列：

GCACTTAGCCTTCTCATTCGAGCTGAGCTGAGTCAACCCGGGGCCCTTCTCGGCGATGAT

CAGATTTACAATGTTATCGTTACAGCACACGCATTTGTAATAATCTTCTTTATAGTAATACCAATTA
TGATCGGAGGCTTTGGGAACTGACTGATCCCTCTAATGATCGGTGCCCCTGATATGGCATTCCCT
CGAATGAACAATATGAGCTTCTGGCTTCTCCCTCCCTCTTTTCTTCTTCTGCTTGCTTCCTCCGG
CGTAGAGGCCGGGGCCGGAACGGGATGAACTGTTTATCCCCCCCTCGCAGGGAATCTTGCTCAT
GCAGGAGCCTCTGTTGATTTAACAATCTTTTCTCTTCACCTAGCTGGTGTGTCCTCAATTCTGGG
GGCCATCAACTTCATCACTACAATTATTAATATGAAACCCCCTGCTATTACCCAATACCAGACCC
CCCTATTCGTGTGAGCAGTCCTAATTACTGCAGTCCTTCTTCTCCTTTCCCTACCTGTTCTAGCA
GCCGGCATTACAATGCTCCTGACAGACCGAAACTTAAATACAACCTTCTTTGATCCAGCGGGGG
GTGGAGACCCCATTCTTTACCAAC

鳁科 Sillaginidae

鳁属 *Sillago* Cuvier, 1816

>>> 亚洲鳁 *Sillago asiatica* McKay, 1982

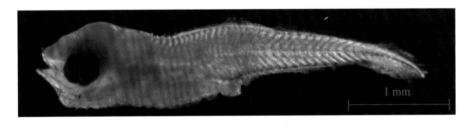

标本号：GDYH502；采集时间：2016-11-08；
采集海域：硇洲岛海域，393渔区，20.667° N，110.500° E

中文别名：沙钻

英文名：Asian sillago

形态特征：

该标本为全长3.95 mm、脊索长3.82 mm的亚洲鳁仔鱼，处于弯曲前期，身体延长，稍侧扁。头中等大，头长为脊索长的27.35%，头高为脊索长的22.33%；体高为脊索长的18.38%。口斜位，口裂达眼前部下方；吻尖，下颌略长于上颌，吻长为头长的25.62%。眼大，近圆形，眼径为头长的41.59%。消化道细长，肛门位于身体中部靠后，肛前距为脊索长的52.96%。背鳍鳍褶退化，背鳍基底开始发育，第一背鳍起点至吻端距离为脊索长的32.82%。臀鳍鳍褶退化，臀鳍基底开始发育，基底上方具17/18个点状黑色素排列成排。尾索直线型，尾鳍鳍褶明显。肌节可计数，为13+23。

保存方式：甲醛

DNA条形码序列：

GCCCTAAGCCTGCTTATCCGGGCAGAACTCAGCCAACCTGGCGCTCTGCTTGGTGACGAC
CAAATCTATAACGTAATTGTTACGGCACACGCCTTTGTAATAATTTTCTTCATGGTTATACCAATC
CTAATTGGAGGCTTCGGGAACTGACTAGTTCCCCTAATGATTGGGGCCCCTGATATGGCATTCCC
TCGAATGAACAATATGAGCTTCTGACTTCTTCCTCCTTCTTTCTTACTCCTTCTGGCCTCTTCTGG
TGTTGAAGCTGGTGCCGGGACTGGATGAACTGTATACCCTCCTCTAGCAGGAAACTTAGCCCAC
GCAGGGGCTTCCGTAGACCTTACCATTTTCTCACTCCACCTGGCAGGGGTTTCCTCAATTCTTG
GTGCAATTAACTTCATCACAACGATCATCAACATGAAACCCCCAGCAACTTCACAGTACCAAAC
CCCTCTGTTCGTTTGATCCGTCCTAATTACGGCCATCCTGCTCCTCCTTTCACTACCCGTGCTTGC
GGCAGGCATTACAATGCTATTAACGGACCGAAACCTAAATACCACCTTTTTCGACCCTGCAGGA
GGTGGGGACCCAATCCTTTACCAAC

>>> **多鳞鱚** *Sillago sihama* （Forsskål, 1775）

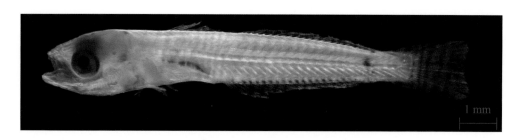

标本号：XWZ45；采集时间：2013-09-25；
采集海域：徐闻角尾海域，418渔区，20.225°N，109.994°E

中文别名：沙钻

英文名：Silver sillago

形态特征：

该标本为全长11.72 mm、体长10.13 mm的多鳞鱚稚鱼，身体细长，稍侧扁。头中等大，头长为体长的25.25%；体高为体长的14.62%。口斜位，下颌略长于上颌，口裂达眼前部下方；吻钝尖，吻长为头长的30.70%。眼大，近圆形，眼径为头长的32.69%。腹囊长三角形，消化道细长盘旋于内，其上缘具7个梅花状黑色素斑。肛门位于身体中部靠前，肛前距为体长的46.63%。第一背鳍鳍棘11枚，第二背鳍鳍棘1枚、鳍条22条；第一背鳍起点至吻端距离为体长的33.38%。臀鳍鳍条22条，基底上方具18个点状黑色素斑。体中轴尾柄处具1个大型黑色素斑。尾鳍截形，末端略向内凹陷。肌节可计数，为10+21。

保存方式：甲醛

DNA条形码序列：

GCCCTGAGCTTGCTGATCCGAGCAGAACTTAGCCAACCCGGCGCTCTACTTGGAGACGAT
CAGATCTACAACGTTATTGTTACGGCACACGCCTTTGTAATAATTTTCTTTATAGTAATGCCAATT
CTAATTGGAGGCTTTGGGAACTGACTAGTTCCGCTTATGATCGGGGCCCCTGACATGGCATTCC
CTCGAATGAACAACATGAGCTTTTGACTCCTGCCCCCTTCTTTCCTTCTCCTCCTTGCCTCCTCA
GGAGTTGAAGCTGGAGCCGGGACTGGATGAACTGTGTACCCTCCTCTAGCAGGTAACCTGGCC
CACGCCGGGGCTTCCGTCGACCTCACCATCTTCTCCCTGCACTTAGCAGGGGTTTCATCAATCC
TAGGGGCTATCAACTTCATCACTACTATCATTAATATGAAACCCCCAGCAACTTCACAATATCAA
ACCCCACTATTTGTTTGATCTGTACTAATTACGGCTGTCCTCCTACTCCTTTCACTTCCTGTACTG
GCAGCCGGGATTACTATACTACTCACAGACCGGAATCTCAACACTACTTTCTTCGACCCCGCTG
GAGGTGGTGACCCCATCCTTTACCAAC

>>> **拟多鳞鱚** *Sillago nigrofasciata* sp. nov.

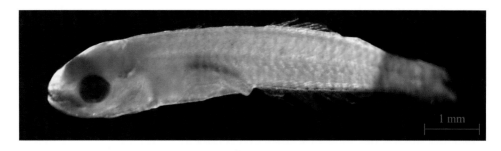

标本号：GDYH494；采集时间：2016-11-18；

采集海域：硇洲岛海域，393渔区，20.750°N，110.500°E

中文别名：沙钻

英文名：暂无

形态特征：

该标本为全长7.68 mm、体长7.00 mm的拟多鳞鱚仔鱼，处于弯曲后期，身体修长。头中等大，头长为体长的28.70%，头高为体长的20.17%；体高为体长的19.30%。口斜位，口裂达眼前部下方，上、下颌约等长。吻略钝圆，吻长为头长的27.92%。眼大，近圆形，眼径为头长的33.20%。腹囊长三角形，消化道细长盘旋于内，上缘具5个点状浅黑色素斑，肛门位于身体中部略靠后，肛前距为体长的53.89%。背鳍鳍条缺损，不可计数。臀鳍基底上方具7个的黑色素斑。肌节可计数，为12+20。

保存方式：甲醛

DNA条形码序列：

GCCCTAAGCCTACTTATCCGAGCGGAACTTAGCCAACCCGGCGCCCTGCTCGGTGATGAC
CAAATCTACAATGTTATCGTTACGGCGCATGCGTTCGTAATGATCTTCTTTATAGTTATACCTATTC
TAATTGGAGGCTTCGGAAACTGGCTGGTCCCCTTAATAATTGGGGCCCCGACATGGCATTCCC
CCGAATGAATAATATGAGCTTCTGACTTCTTCCCCCATCTTTCCTTCTTCTCCTGGCCTCATCCGG

AGTTGAAGCCGGAGCCGGAACTGGGTGAACAGTGTACCCGCCCCTCGCAGGTAACTTAGCCCA

TGCGGGAGCTTCGGTAGATTTGACCATTTTCTCCCTACACTTAGCTGGGATTTCATCAATTCTTG

GGGCTATTAACTTCATCACAACGATCATTAATATGAAACCACCAGCAACCTCCCAGTACCAAAC

TCCTTTGTTCGTTTGATCCGTTTTAATTACAGCTGTTCTTCTGCTCCTCTCCCTACCAGTGCTTGC

TGCAGGCATTACAATGCTTCTCACAGATCGAAACCTCAACACCACCTTCTTCGACCCTGCAGGA

GGGGGGGACCCAATCCTTTACCAAC

鲯鳅科 Coryphaenidae

鲯鳅属 *Coryphaena* Linnaeus, 1758

>>> **棘鲯鳅** *Coryphaena equiselis* Linnaeus, 1758

标本号：GDYH646；采集时间：2017–04–08；

采集海域：琼东海域，470渔区，19.467° N，111.767° E

中文别名：鬼头刀

英文名：Pompano dolphin fish

形态特征：

该标本为全长6.93 mm、体长6.22 mm的棘鲯鳅稚鱼，身体呈纺锤形，体高为体长的9.35%。头大，头长为体长的30.06%，头高与体高相近，头高为体长的21.17%。口端位，口裂达眼中部下方，吻长为头长的24.17%。眼中等大，近圆形，眼径为头长的38.62%。前鳃盖骨上方有15个深浅不一的黑色素斑。腹囊呈长三角形，其上边缘至肛门开口处为密集黑色素丛覆盖，黑色素丛呈条状。肛门位于身体后部，肛前距为体长的66.15%。背鳍发育中，从头部后开始，一直延伸到尾柄；背鳍中叶鳍条上具有线条状黑色素斑。鱼体显柔软，周身分布较多的黑色素斑，肛门之后为梅花状浅黑色素斑。臀鳍可计数鳍条13条，鳍条上沿着鳍膜具线状黑色素斑。尾鳍截形。肌节不可计数。

保存方式：甲醛

DNA条形码序列：

GGCTTAAGTCTTCTCATTCGAGCTGAACTAAGCCAGCCCGGATCCCTTTTAGGAGATGACC
AAACCTACAACGTCATCGTTACAGCACATGCCTTCGTAATAATTTTCTTTATAGTAATGCCAATTA
TGATTGGAGGCTTTGGGAACTGATTAATCCCACTAATGCTCGGCGCTCCTGACATAGCATTCCC
GCGAATAAATAACATAAGCTTTTGACTTCTTCCACCCTCATTCCTTCTACTTCTAGCCTCTTCAG
GTGTAGAAGCAGGAGCAGGAACTGGTTGAACAGTATACCCGCCCTTAGCGGGTAATTTAGCCC
ACGCTGGGGCCTCTGTTGACTTAACAATTTTCTCTCTGCATCTAGCGGGGGTTTCATCAATTCTT
GGGGCTATTAACTTTATTACAACCATCATTAACATAAAACCCCCCACAGTTACTATGTACCAAAT
TCCACTCTTCGTATGAGCTGTTCTAATTACAGCTGTACTTCTACTCCTTTCACTACCTGTTCTGGC
TGCCGGAATTACTATGCTACTAACAGATCGAAATTTAAATACAGCCTTCTTTGACCCAGCTGGGG
GAGGGGACCCAATTCTATACCAAC

>>> **鲯鳅** *Coryphaena hippurus* Linnaeus, 1758

标本号：BBWZ103；采集时间：2013-11-15；
采集海域：北部湾海域，488渔区，18.762° N，107.243° E

中文别名：鬼头刀

英文名：Common dolphin fish

形态特征：

该标本为全长17.63 mm、体长15.05 mm的鲯鳅稚鱼，身体长而侧扁，全身遍布点状黑色素斑。头大，头长为体长的28.90%，头高为体长的24.73%；体高为体长的25.50%。口小，口端位，口裂达眼中部的下方，吻长为头长的18.72%。眼大，圆形，眼径为头长的42.24%。腹囊长三角形，肛门位于身体中部靠后，肛前距为体长的59.19%。背鳍发达，鳍条长，鳍膜布满点状黑色素斑，第一背鳍起点至吻端距离为体长的31.22%。腹鳍鳍条长至腹囊基底中部，其上布满黑色素斑。臀鳍发达，鳍条长，鳍膜布满点状黑色素斑。尾鳍长，截形，其上布满黑色素斑。肌节不可计数。

保存方式：甲醛

DNA条形码序列：

GGTTTAAGTCTTCTCATTCGAGCTGAGTTAAGCCAGCCTGGGTCACTTCTAGGAGATGACC
AAACCTATAATGTCATCGTTACAGCACATGCCTTCGTAATAATTTTCTTTATAGTTATGCCAATTAT
GATCGGAGGCTTCGGGAACTGATTAATCCCACTAATGCTTGGCGCTCCTGATATAGCATTCCCTC
GAATAAATAACATAAGCTTTTGACTTCTTCCACCATCATTTCTTCTCCTTCTAGCCTCTTCAGGGG
TAGAAGCAGGAGCAGGAACTGGTTGAACGGTCTACCCACCTCTGGCGGGTAACTTAGCCCATG
CTGGGGCCTCTGTAGATTTAACAATTTTCTCCCTGCATTTAGCCGGGGTATCATCAATTCTTGGG
GCAATCAATTTTATTACAACTATTATTAATATAAAACCCCCCACAGTAACGATATACCAAATTCCA
CTATTCGTGTGAGCTGTACTAATTACAGCTGTACTACTACTCCTATCACTTCCTGTCCTAGCTGCG
GGAATTACAATACTGCTAACAGACCGAAATTTAAATACAGCTTTCTTTGACCCAGCGGGAGGAG
GGGATCCTATCCTATACCAAC

鲹科 Carangidae

副叶鲹属 *Alepes* Swainson, 1839

>>> 吉达副叶鲹 *Alepes djedaba*（Forsskål, 1775）

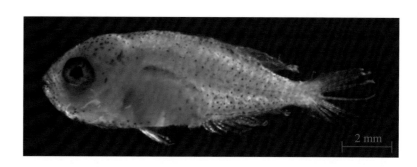

2 mm

标本号：BBWZ485；采集时间：2014-05-07；

采集海域：涠洲岛海域，363渔区，21.076° N，109.379° E

中文别名：巴浪

英文名：Shrimp scad

形态特征：

该标本为全长13.72 mm、体长11.44 mm的吉达副叶鲹稚鱼，身体侧扁。头长为体长的31.17%，头高为体长的32.06%；体高为体长的33.19%。吻钝圆，上、下颌约等长，吻端密布数个小点状黑色素斑，吻长为头长的23.04%。口斜位，口裂达眼前部的下方，颅顶密布数个大小不一的梅花状黑色素斑。眼大，近圆形，眼后具2个点状黑色素斑，眼径为头长的43.88%。腹囊桃形，后部分布有3个黑色素斑。肛门位于身体中部略靠后，肛前距为体长的54.71%。全身遍布点状黑色素斑。臀鳍鳍条尚在发育中，臀鳍基底上方具有一列黑色素斑。尾鳍开叉。肌节可计数，为8+18。

保存方式：甲醛

DNA条形码序列：

GCTTTAAGCTTACTCATCCGAGCAGAACTTAGTCAACCTGGCGCCCTTCTAGGGGACGAC

CAAATTTACAACGTAATCGTTACGGCCCACGCCTTCGTAATGATTTTCTTTATAGTAATACCAATT
ATGATCGGAGGCTTCGGAAACTGACTTATTCCCCTAATGATCGGAGCCCCTGATATAGCATTCCC
CCGAATAAATAACATGAGTTTCTGACTTCTCCCTCCTTCTTTCCTCCTCCTTCTAGCTTCTTCAGG
AGTTGAAGCCGGGGCCGGAACTGGTTGAACCGTATACCCCCCTCTAGCTGGCAATCTAGCTCAC
GCCGGAGCATCCGTAGACCTAACCATCTTCTCCCTGCATTTGGCCGGGGTCTCATCAATTCTAGG
GGCTATTAACTTTATTACAACAATTATTAATATGAAACCCCCTGCAGTATCAATGTATCAAATCCC
ACTGTTTGTTTGAGCCGTCCTAATTACGGCCGTTCTCCTTCTCCTGTCCCTCCCAGTCCTAGCCG
CTGGAATTACAATGCTCCTAACAGACCGAAACCTAAATACTGCCTTCTTTGACCCAGCCGGAGG
TGGAGACCCAATTCTTTACCAAC

>>> 克氏副叶鲹 *Alepes kleinii*（Bloch, 1793）

标本号：XWZ63；采集时间：2013-09-26；

采集海域：徐闻角尾海域，418渔区，20.225° N，109.994° E

中文别名：巴浪

英文名：Razorbelly scad

形态特征：

该标本为全长13.03 mm、体长10.80 mm的克氏副叶鲹稚鱼，身体纺锤形。头中等大，头长为体长的31.87%，头高为体长的34.38%；体高为体长的35.79%。吻钝圆，上、下颌约等长，下颌端具数个点状黑色素斑，吻长为头长的39.41%。鼻孔2个[①]。口斜位，口裂达眼前部下方。眼大，近圆形，眼径为头长的43.82%。颅顶具数

---

① 单侧。全书同。

个点状黑色素斑。腹囊近梯形，肛门位于身体后部，肛前距为体长的64.08%。上、下颌及腹囊上具多个黄色色素斑。背鳍、腹鳍和尾鳍鳍膜淡黄色，鱼体周身遍布黑色素斑。背鳍鳍棘10枚，鳍条22条；第二至第七鳍棘上分布有数个点状黑色素斑，鳍条上分布数个点状黑色素斑。背鳍基底上对应的肌节位置多数具有1个黑色素斑，排列成线状。体中轴隐约分布有17个黑色素斑。臀鳍鳍棘3枚，鳍条19条。肛前肌节已不可计数，肛后肌节可计数，为15。

保存方式：甲醛

DNA条形码序列：

GCTTTAAGCTTACTTATCCGAGCAGAACTTAGTCAACCTGGCGCCCTTTTAGGGGACGACC
AAATTTATAACGTAATCGTTACGGCCCACGCCTTCGTAATGATTTTCTTTATAGTAATACCAATTAT
GATTGGAGGCTTCGGAAACTGACTTATTCCCCTAATGATCGGAGCCCCTGATATAGCATTCCCCC
GAATAAATAATATGAGCTTCTGACTTCTTCCCCCTTCTTTCCTTCTACTTCTGGCTTCTTCAGGAG
TTGAAGCCGGGGCTGGAACTGGTTGGACCGTTTACCCCCCTCTAGCCGGCAACTTAGCTCACG
CTGGGGCATCCGTAGATCTAACCATCTTCTCCTTGCATTTAGCCGGGGTCTCATCAATTCTAGGG
GCTATTAACTTTATTACAACAATTATTAACATGAAACCTCCTGCGGTGTCAATATATCAAATTCCA
CTGTTCGTTTGAGCCGTCTTAATTACAGCCGTTCTTCTTCTTCTATCCTTCCGGTTTTAGCCGCT
GGAATTACAATGCTCCTAACAGATCGAAACCTAAATACTGCCTTCTTCGACCCCGCTGGAGGTG
GAGATCCAATTCTTTATCAAC

>>> 范氏副叶鲹 *Alepes vari*（Cuvier, 1833）

标本号：GDYH903；采集时间：2017-08-31；
采集海域：茂名外海，394渔区，20.517°N，111.267°E

中文别名：大尾鲹、甘仔鱼

英文名：Herring scad

形态特征：

该标本为全长12.68 mm、脊索长12.62 mm的范氏副叶鲹仔鱼，处于弯曲前期，身体侧扁，尾部细长。头大，头长为脊索长的37.06%，头高为脊索长的33.23%；体高为脊索长的30.67%。口斜位，口裂达眼前部的下方；吻钝尖，吻长为头长的33.62%。鼻孔1个，鳃盖骨具6枚棘。眼大，近圆形，眼径为头长的35.78%。腹囊三角形，肠道弯曲盘旋于内，腹囊顶部到右侧分布有黑色素带。肛门位于身体中后部，肛前距为脊索长的57.19%。背鳍鳍褶退化，背鳍基底开始发育，背部具7/8个点状黑色素斑。肌节可计数，为8+15。

保存方式：甲醛

DNA条形码序列：

GCTTTAAGCCTCCTTATCCGAGCAGAACTTAGTCAACCTGGCGCCCTTTAGGAGACGAC
CAAATTTATAACGTAATTGTTACGGCCCACGCCTTTGTAATGATTTTCTTTATAGTAATGCCAATTA
TGATCGGAGGCTTCGGAAACTGACTTATCCCCCTAATGATCGGAGCCCCTGACATAGCATTTCCC
CGAATGAACAACATGAGCTTTTGACTCCTCCCCCCTTCTTTCCTCCTACTCCTAGCCTCTTCAGG
AGTTGAAGCCGGGGCCGGAACTGGTTGAACTGTATATCCTCCTTTAGCCGGCAATCTTGCTCAC
GCCGGAGCATCAGTAGACTTAACCATCTTCTCCCTCCATCTAGCAGGGGTCTCATCAATTCTGGG
GGCCATCAACTTTATTACCACTATTATTAACATGAAACCTCCCGCAGTTTCAATGTACCAAATCC
CATTGTTCGTTTGAGCTGTCTTAATTACGGCTGTTCTTCTTCTCCTATCCCTCCCAGTACTAGCTG
CTGGAATTACAATGCTCTTAACAGATCGAAACCTGAATACTGCTTTCTTTGACCCAGCAGGAGG
TGGAGATCCCATTCTTTACCAAC

鲹属 *Caranx* Lacepède, 1801

>>> 珍鲹 *Caranx ignobilis*（Forsskål, 1775）

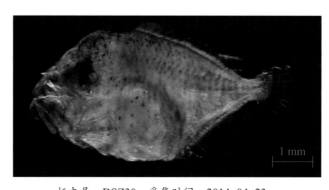

标本号：DSZ30；采集时间：2014–04–23；

采集海域：南海北部陆棚区海域，453渔区，19.757° N，114.757° E

中文别名：白面弄鱼

英文名：Giant trevally

形态特征：

该标本为全长6.61 mm、体长5.94 mm的珍鲹仔鱼，处于弯曲期，身体呈卵圆形，侧扁。头中等大，头长为体长的39.01%，头高为体长的49.05%；体高为体长的53.73%。口斜位，口裂达眼中部的下方，吻钝尖，吻长为头长的44.26%。颅顶分布有数个黑色素斑。眼中等大，近圆形，眼径为头长的28.97%。腹囊呈桃形，其边缘具大小不一的点状黑色素分布。肛门位于身体中部靠后，肛前距为体长的58.63%。背鳍鳍条发育完整，鳍棘缺损，鳍条可计数，为27～29条。臀鳍鳍棘3枚，鳍条14条。尾鳍扇形。肌节可计数，为11+12。

保存方式：甲醛

DNA条形码序列：

GCTTTAAGCTTACTCATCCGAGCAGAACTTAGTCAACCTGGCGCTCTTTTAGGAGATGACC

AAATTTATAACGTAATTGTTACCGCCCATGCCTTTGTAATAATTTTCTTTATAGTAATGCCAATCAT
GATCGGAGGCTTTGGAAACTGACTTATTCCTCTAATGATCGGAGCTCCTGACATGGCATTCCCCC
GAATGAATAATATGAGCTTCTGACTTCTCCCTCCCTCCTTCCTATTACTTTTAGCTTCTTCAGGAG
TAGAAGCCGGAGCTGGGACAGGCTGAACCGTATATCCCCCATTAGCTGGCAACCTCGCCCATG
CTGGTGCGTCAGTAGATCTAACTATTTTTTCCCTCCATCTAGCAGGGGTCTCATCAATCCTGGGG
GCCATTAACTTTATTACTACAATTATTAATATGAAACCACCCGCAGTTTCAATGTACCAAATCCCA
CTATTTGTTTGAGCCGTACTTATCACGGCTGTCCTTCTCCTCCTCTCCCTCCCAGTCTTAGCTGCT
GGGATCACAATGCTTCTCACGGATCGAAACCTAAACACCGCTTTCTTTGACCCGGCAGGAGGA
GGGGATCCAATCCTTTACCAAC

>>> **六带鲹** *Caranx sexfasciatus* Quoy & Gaimard, 1825

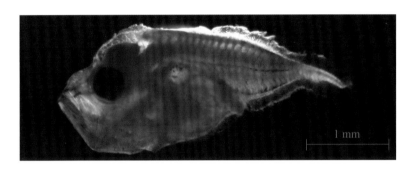

标本号：GDYH880；采集时间：2017-08-29；
采集海域：文昌外海，447渔区，19.983° N，111.717° E

中文别名：甘仔鱼、红目瓜仔

英文名：Bigeye trevally

形态特征：

该标本为全长3.56 mm、脊索长3.52 mm的六带鲹仔鱼，处于弯曲前期，身体纺锤形。头中等大，头长为脊索长的35.90%，头高为脊索长的42.02%；体高为脊索长的39.83%。吻钝，口斜位，上、下颌约等长，口裂达眼前部下方。吻长为头长的34.71%。鼻孔1个，长圆形，靠近吻端。上、下颌各具2个黑色素斑。眼中等大，近圆形，眼径为头长的35.97%。头部具2个黑色素斑，头后枕骨嵴呈"山"字形。腹囊近三角形，肛门位于身体后部，肛前距为脊索长的64.13%。前鳃盖骨具4枚短的小棘，鱼鳔清晰可见。背鳍鳍褶明显，背鳍基底开始发育，丝状鳍条尚未出现。腹鳍发育中；臀鳍基底具9/10个点状黑色素斑。尾鳍发育中，尚未出现丝状鳍条。肌节可计数，为9+16。

保存方式：甲醛

DNA条形码序列：

GCTTTAAGCTTACTCATCCGAGCAGAACTTAGTCAACCTGGCGCCCTTTTAGGAGACGAC
CAAATTTATAACGTAATTGTTACGGCCCATGCCTTCGTAATAATTTTCTTTATAGTAATGCCAATCA
TGATTGGAGGCTTCGGAAACTGACTTATCCCTCTAATGATCGGAGCCCCTGACATGGCATTTCCC
CGAATAAATAATATGAGCTTCTGACTTCTCCCTCCTTCCTTCCTCCTACTTTTAGCCTCTTCAGGG
GTAGAAGCTGGAGCTGGGACAGGTTGAACTGTATATCCCCCATTAGCTGGTAATCTTGCCCATG
CCGGAGCATCAGTAGATCTAACTATTTTCTCCCTTCATCTAGCAGGGGTTTCATCAATTCTGGGG
GCTATTAACTTCATTACTACGATCATTAACATGAAACCGCCCGCAGTCTCAATATACCAAATCCC
ACTATTTGTTTGAGCCGTATTAATTACAGCTGTTCTTCTCCTTCTTTCCCTCCCAGTCTTAGCTGC
TGGAATTACAATACTTCTTACAGATCGAAACCTAAACACCGCCTTCTTCGACCCAGCAGGGGGA
GGGGATCCAATTCTTTATCAAC

圆鲹属 *Decapterus* Bleeker, 1851

>>> **颌圆鲹 *Decapterus macarellus*（Cuvier, 1833）**

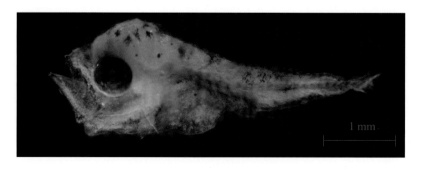

标本号：DSH60；采集时间：2013-05-07；
采集海域：东沙群岛海域，404渔区，20.963° N，116.125° E

中文别名：红赤尾、长池

英文名：Mackerel scad

形态特征：

该标本为全长4.90 mm、脊索长4.49 mm的颌圆鲹仔鱼，处于弯曲前期，身体纺锤形。头大而宽，颅顶具5个梅花状黑色素斑，头长为脊索长的39.01%，头高为脊索长的36.96%；体高为脊索长的29.31%。口斜位，口裂达眼前部下方，下颌长于上颌。吻尖，吻长为头长的31.89%。眼中等大，圆形，眼径为头长的36.22%。鼻孔1个，长圆形。前鳃盖骨具棘7枚，第二棘为最长，头后枕骨嵴呈"山"字形。腹囊长圆形，直肠短粗，肛门开口于体外，位于身体后部，肛前距为脊索长的59.28%。背鳍鳍褶退化中，背鳍基发育中，尚无丝状鳍条，体背部具4个辐射状黑色素斑。肛门上方靠后的体中轴上具有1个黑色素斑。臀鳍鳍褶退化，臀鳍原基出现，发育中。肌节可计数，为8+15。

保存方式：甲醛

DNA条形码序列：

GCTTTAAGCCTACTTATTCGAGCAGAATTAAGCCAACCTGGCGCCCTCCTGGGGGATGAC
CAAATTTACAACGTAATTGTTACGGCCCACGCCTTCGTAATGATTTTCTTTATAGTAATACCAATC
ATGATCGGAGGCTTTGGCAACTGACTAATCCCACTAATGATCGGAGCCCCCGACATGGCCTTCC
CTCGAATAAACAACATGAGCTTCTGACTCCTTCCTCCATCCTTCCTCCTTCTTCTGGCCTCTTCA
GGCGTTGAAGCCGGGGCCGGAACTGGTTGAACAGTTTACCCTCCGCTGGCTGGAAATCTCGCC
CACGCCGGAGCATCCGTCGACTTAACCATCTTCTCTCTTCACCTGGCAGGGGTCTCATCAATTCT
AGGGGCTATCAACTTTATTACTACGATCATCAATATGAAACCCCCTGCAGTTTCAATGTACCAAA
TCCCACTCTTCGTCTGAGCTGTTCTAATTACAGCTGTCCTTCTTCTCCTATCTCTCCCCGTTTTAG
CTGCTGGCATTACAATGCTTCTAACAGACCGAAACCTAAACACTGCTTTCTTTGACCCTGCAGG
GGGAGGTGACCCGATTCTCTACCAAC

>>> 长体圆鲹 *Decapterus macrosoma* Bleeker, 1851

标本号：DSZ49；采集时间：2014-04-23；

采集海域：东沙群岛西北海域，374渔区，21.250°N，115.250°E

中文别名：池鱼、池仔

英文名：Shortfin scad

形态特征：

该标本为全长10.21 mm、体长8.83 mm的长体圆鲹稚鱼，身体纺锤形。头长为体长的35.26%，头高为体长的34.61%；体高为体长的32.90%。吻钝圆，下颌稍长于上颌，未见小牙，吻长为头长的30.90%。上颌分布有2个点状黑色素斑，下颌具13/14个深浅不一的小点状黑色素斑，鼻孔1个。眼大，近圆形，眼下方具1个辐射状黑色素斑和1个点状黑色素斑，眼径为头长的42.43%。颅顶布满菊花状黑色素斑。前鳃盖棘7枚，以第二枚最为强大，其上具6/7个菊花状黑色素斑。腹囊三角形，上部黑色，中部分布10/11个菊花状色素斑。肛门位于身体中部靠后，肛前距为体长的61.11%。肛门后方具1个菊花状黑色素斑。背鳍发育较为完善，具13枚棘、33条鳍条，背鳍基底具点状黑色素斑排列形成的色素带，第一背鳍起点至吻端距离为体长的42.95%。体中轴线后部具数个点状黑色素斑连成线状。臀鳍具3枚棘、29条鳍条。尾鳍基底具5/6个黑色素丛。肌节可计数，为9+13。

保存方式：甲醛

DNA条形码序列：

GCTTTAAGCCTACTTATTCGGGCAGAATTAAGCCAACCTGGCGCCCTCCTGGGGGATGAC
CAAATTTACAATGTAATTGTTACGGCGCACGCCTTCGTAATAATTTTCTTTATAGTAATGCCAATT
ATGATTGGGGGCTTTGGAAACTGACTAATCCCACTAATGATCGGGGCTCCCGATATGGCTTTCCC
TCGAATGAACAACATGAGCTTCTGACTCCTCCCTCCATCCTTCCTCCTACTTTTAGCCTCTTCAG
GCGTTGAAGCTGGGGCCGGAACTGGTTGAACAGTTTATCCTCCGCTAGCTGGAAACCTCGCCC
ACGCGGGAGCATCCGTAGACTTAACCATCTTCTCTCTTCACCTGGCCGGGGTCTCATCAATTCTA
GGGGCCATCAACTTTATTACTACGATTATCAATATGAAACCACCTGCAGTTTCAATGTACCAGAT
CCCACTATTCGTCTGAGCTGTCTTAATTACAGCTGTCCTTCTTCTCCTATCTCTTCCCGTCTTAGC
TGCTGGCATTACAATGCTTCTAACAGACCGAAACCTAAACACTGCCTTCTTCGACCCTGCAGGG
GGAGGAGACCCGATTCTTTACCAAC

>>> **蓝圆鲹** *Decapterus maruadsi*（Temminck & Schlegel, 1843）

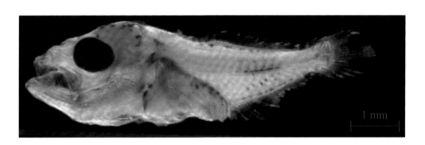

标本号：BBWZ167；采集时间：2014-02-22；
采集海域：北部湾海域，442渔区，19.588° N，107.548° E

中文别名：池鱼、棍子、黄尾

英文名：Japanese scad

形态特征：

该标本为全长7.17 mm、体长6.22 mm的蓝圆鲹仔鱼，处于弯曲期，身体纺锤形，稍侧扁。头大，头长为体长的42.50%，头高为体长的33.19%；体高为体长的

28.53%。吻钝尖，口裂达眼前部下方，下颌略长于上颌，吻长为头长的37.81%。颅顶一侧具8个点状黑色素斑，前鳃盖骨具棘7枚，第三棘为最长，头后枕骨嵴呈"山"字形。眼中等大，近圆形，眼径为头长的34.33%。腹囊近三角形，其顶部和右边缘布满黑色素斑，呈带状。肛门位于身体后部，肛前距为体长的64.89%。背鳍鳍条发育中，基底具7/8个点状黑色素斑，背鳍起点至吻端距离为体长的49.68%。肛门后的体中轴线上具点7个线段状黑色素斑。臀鳍鳍条发育中，基底具数个黑色素斑连成线。肌节可计数，为10+13。

保存方式：甲醛

DNA条形码序列：

GCTTTAAGCCTACTTATTCGGGCAGAATTAAGCCAACCTGGCGCCCTTCTAGGGGATGACC
AAATTTACAACGTAATTGTTACGGCCCACGCCTTCGTAATAATTTTCTTTATAGTAATGCCAATTA
TGATTGGAGGCTTTGGAAACTGACTAATCCCACTGATGATCGGAGCCCCCGACATGGCCTTCCC
TCGAATGAACAACATGAGCTTCTGACTACTCCCTCCGTCGTTCCTGCTGCTTCTAGCCTCTTCAG
GCGTTGAAGCCGGGGCCGGAACTGGTTGAACCGTCTACCCTCCGCTGGCTGGAAATCTTGCCC
ACGCTGGAGCATCCGTAGACTTAACCATCTTCTCTCTTCATCTAGCAGGTGTCTCATCAATTCTA
GGGGCTATTAATTTTATTACTACTATTATTAATATGAAACCTCCTGCGGTTTCAATGTATCAAATCC
CGCTATTCGTCTGAGCTGTTTTAATTACGGCCGTACTTCTTCTTCTCTCTCCCCGTCTTAGCTG
CTGGTATTACAATGCTTCTAACAGACCGAAACCTAAACACTGCCTTCTTCGACCCTGCAGGGGG
AGGAGACCCAATTCTTTACCAAC

>>> 泰勒圆鲹 *Decapterus tabl* Berry, 1968

标本号：GDYH648；采集时间：2017-04-08；
采集海域：南海北部陆棚区海域，470渔区，19.467° N，111.767° E

中文别名：池鱼、池仔

英文名：Roughear scad

形态特征：

该标本为全长4.88 mm、脊索长4.67 mm的泰勃圆鲹仔鱼，处于弯曲前期，身体纺锤形。头中等大，头长为脊索长的36.54%，头高为脊索长的38.01%；体高为脊索长的32.47%。口斜位，口裂达眼前部下方，上、下颌约等长。吻钝，吻长为头长的27.24%，鼻孔周围具3个棕褐色色素斑。眼中等大，近圆形，眼径为头长的38.37%。下颌隅角三角形，呈淡黑色。颅顶一侧具7个大型梅花状辐射黑色素斑，头后枕骨嵴呈"山"字形。前鳃盖骨具棘7枚，第三棘最长。背鳍鳍褶退化，背鳍基底发育中，背鳍丝状鳍条尚未出现；枕骨嵴开始沿着背鳍基底到尾柄处，分布有17个梅花状辐射黑色素斑。腹囊三角形，其顶部和右边缘布满黑色素斑，延伸至肛门，呈带状。肛门开口于身体后部，肛前距为脊索长的63.60%。腹囊下方的鳍褶上分布有6/7个黑色素斑。臀鳍鳍褶开始退化，基底开始发育，靠近肛门处开始出现丝状鳍条，鳍条上分布有数个黑色素斑。臀鳍基底上方分布有浓密的黑色素斑，连成黑线状。臀鳍开始出现丝状鳍条。肌节可计数，为11+15。

保存方式：甲醛

DNA条形码序列：

GCTTTAAGCCTGCTAATTCGGGCAGAACTAAGCCAACCTGGTGCTCTCCTGGGGGATGAC
CAGATTTATAACGTAATTGTTACGGCCCACGCTTTCGTAATAATTTTCTTTATAGTAATACCAATTA
TGATTGGAGGCTTCGGAAACTGACTGATCCCCCTAATGATCGGAGCCCCCGATATGGCCTTCCC
TCGAATGAATAATATGAGCTTCTGACTGCTCCCCCCTTCCTTCCTCCTGCTTTTAGCCTCTTCAG
GCGTTGAAGCCGGGGCCGGAACTGGCTGAACAGTCTACCCTCCCCTGGCCGGGAACCTCGCCC
ACGCCGGAGCATCCGTAGACTTAACCATCTTCTCTCTCCACCTAGCTGGGGTCTCATCAATTCTG
GGGGCTATTAACTTCATTACGACTATCATTAACATGAAACCTCCCGCAGTTTCAATGTATCAAAT
CCCACTGTTCGTCTGAGCCGTACTTATTACAGCCGTTCTTCTTCTTCTATCCCTCCCCGTCCTAGC
TGCTGGCATTACAATGCTTCTCACAGACCGAAACCTAAACACTGCCTTCTTCGACCCGGCTGGA
GGGGGAGACCCAATTCTTTACCAAC

大甲鲹属 *Megalaspis* Bleeker, 1851

>>> 大甲鲹 *Megalaspis cordyla*（Linnaeus, 1758）

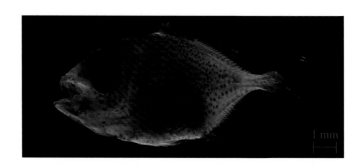

标本号：BBWZ98；采集时间：2013-11-15；

采集海域：北部湾海域，488渔区，18.762° N，107.243° E

中文别名：铁甲、甘贡、硬尾铅

英文名：Torpedo scad

形态特征：

该标本为全长12.08 mm、体长10.26 mm的大甲鲹稚鱼，身体宽扁。头大，头长为体长的40.87%，头高为体长的43.97%；体高为体长的50.00%。口斜位，下颌略长于上颌，两颌上具小牙。吻钝圆，下颌略尖，吻长为头长的38.40%。口裂较深，口裂达眼中部下方。眼大，圆形，眼径为头长的37.97%。鱼体至尾柄前遍布大小不一的梅花状黑色素斑。腹囊桃形，在鱼体占比较大，肛门位于身体后部，肛前距为体长的67.24%。第一背鳍由鳍棘组成，鳍膜被黑色素斑覆盖，背鳍鳍棘9枚；第二背鳍由鳍条组成，鳍条20条。腹鳍发育中；臀鳍鳍棘3枚，鳍条可计数，为17条。尾鳍叉形。肌节不可计数。

保存方式：甲醛

DNA条形码序列：

GCTTTAAGCCTCCTGATCCGAGCAGAACTTAGTCAACCTGGCGCCCTTTTAGGGGATGAC

CAAATTTATAACGTAATTGTTACGGCCCATGCCTTTGTAATAATTTTCTTTATAGTAATACCAATCA
TGATTGGAGGCTTCGGAAACTGACTTATCCCCTTAATGATCGGAGCCCCCGACATGGCGTTCCC
CCGAATAAATAATATGAGCTTCTGACTCCTCCCCCCTTCATTCCTTCTGCTTTTAGCCTCTTCAGG
AGTAGAAGCTGGGGCTGGAACTGGTTGAACTGTATACCCCCCACTAGCTGGCAATCTCGCTCAT
GCCGGAGCATCAGTAGATCTAACTATCTTCTCCCTCCACTTAGCAGGGGTCTCATCAATCCTTGG
AGCTATTAATTTCATTACTACGATTATTAATATAAAACCGCCTGCAGTTTCAATATACCAAATTCCA
TTATTTGTCTGAGCCGTGCTGATTACAGCCGTCCTCCTCCTCCTCTCTCTTCCAGTCTTAGCTGCT
GGGATCACGATACTTCTCACAGACCGAAACCTAAACACTGCCTTCTTTGACCCGGCAGGAGGT
GGAGATCCAATTCTTTATCAAC

舟鲕属 *Naucrates* Rafinesque, 1810

>>> 舟鲕 *Naucrates ductor* （Linnaeus, 1758）

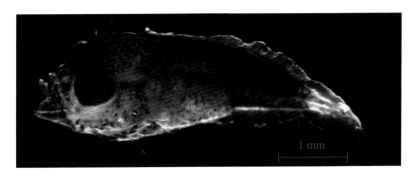

标本号：DSZ40；采集时间：2014-04-25；

采集海域：东沙群岛以南海域，430渔区，20.234°N，115.788°E

中文别名：领航鱼

英文名：Pilotfish

形态特征：

该标本为全长4.91 mm、脊索长4.41 mm的舟鲕仔鱼，处于弯曲前期，身体纺锤形。头大，头长为脊索长的33.96%，头高与体高相近，头高为脊索长的34.87%。

口斜位，口裂达眼前部下方，下颌略长于上颌，上、下颌上具小牙，吻长为头长的39.08%。上、下颌布满浓密的点状黑色素斑。眼大，近圆形，眼径为头长的45.89%。颅顶分布有密集的点状黑色素斑。鱼体周身呈黑色，布满黑色素斑。腹囊三角形，其上分布无数点状黑色素斑。肛门位于身体后部，肛前距为脊索长的66.06%。背鳍鳍褶和臀鳍鳍褶明显，鳍条发育中，尚不可计数。肌节不可计数。

保存方式：甲醛

DNA条形码序列：

GCCCTAAGTTTACTCATCCGAGCAGAGCTTAGCCAGCCCGGCGCTCTCCTGGGGGACGAT
CAAATTTATAACGTAATCGTTACGGCGCATGCGTTTGTAATAATTTTCTTTATAGTAATGCCAATTA
TGATTGGAGGATTTGGGAACTGACTTATCCCCCTAATGATTGGAGCCCCCGATATGGCATTCCCT
CGAATGAATAACATGAGCTTCTGACTCCTTCCCCCTTCATTTCTTCTTCTATTAGCCTCTTCAGGC
GTTGAAGCCGGGGCCGGAACGGGTTGAACAGTTTACCCGCCTCTAGCCGGTAACCTCGCCCAC
GCAGGAGCATCTGTAGACTTAACAATTTTCTCCCTTCATTTAGCTGGGATCTCCTCAATCTTAGG
GGCCATTAACTTTATCACAACAATTATCAACATGAAACCTCACGCTGTTTCCATGTATCAGATTC
CTTTATTCGTTTGAGCTGTTCTAATTACAGCCGTGCTTCTGCTCCTGTCACTCCCAGTTTTAGCC
GCCGGCATCACAATGCTTCTGACGGACCGAAACTTGAACACTGCTTTCTTTGACCCAGCTGGA
GGGGGAGACCCCATCCTGTACCAGC

凹肩鲹属 *Selar* Bleeker, 1851

>>> 脂眼凹肩鲹 *Selar crumenophthalmus*（Bloch, 1793）

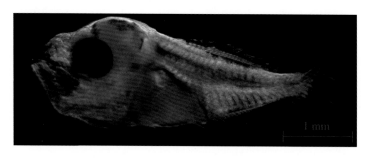

标本号：GDYH193；采集时间：2015-04-27；
采集海域：文昌外海，471渔区，19.225° N，112.392° E

中文别名：牛眼池

英文名：Bigeye scad

形态特征：

该标本为全长4.59 mm、体长4.13 mm的脂眼凹肩鲹仔鱼，处于弯曲期，身体纺锤形。头大，头长为体长的44.40%，头高为体长的38.71%；体高为体长的30.54%。口斜位，口裂达眼中部下方，下颌略长于上颌。吻端上、下颌均具1个黑色素斑。吻略尖，吻长为头长的30.73%。颅顶具5/6个菊花状黑色素斑。眼大，圆形，眼径为头长的37.61%。前鳃盖骨棘6枚。腹囊三角形，右缘具黑色素带延伸至肛门开口。肛门开口于身体后部，肛前距为体长的61.51%。背鳍鳍褶退化，丝状鳍条发育，可计数鳍条为21条，鳍棘未见发育。背鳍基底发育中，基底上具1条浓密的黑色素带，跨9个肌间隔。臀鳍鳍褶发育中，可见靠近肛门位置的鳍条为10条。臀鳍基底有6个肌间隔上具线状黑色素斑。尾鳍呈截形。肌节可计数，为8+14。

保存方式：甲醛

DNA条形码序列：

GCCTTAAGCTTACTTATTCGAGCAGAACTAAGCCAACCTGGCGCTCTTTTAGGAGACGAC
CAAATTTACAACGTAATTGTTACTGCCCACGCGTTTGTAATAATTTTCTTTATAGTAATGCCAATT
ATGATCGGGGGGGTTCGGAAACTGACTCATTCCTCTGATGATCGGGGCCCCTGACATAGCATTCC
CCCGAATGAACAACATGAGCTTCTGACTCCTTCCTCCCTCCTTCCTTCTACTTTTAGCTTCATCA
GGAGTTGAAGCAGGAGCCGGGACTGGTTGAACTGTTTACCCTCCCCTAGCCGGCAACCTTGCT
CACGCCGGGGCATCCGTAGATCTAACCATTTTCTCCCTTCACCTAGCCGGTGTTTCATCTATTCT
AGGGGCTATTAACTTTATTACCACTATTATTAACATGAAACCTCCAGCAGTCTCAATATACCAAAT
TCCACTATTCGTATGGGCCGTCCTAATTACAGCCGTCCTTCTACTTTTATCCCTACCAGTACTAGC
TGCCGGTATTACAATACTCCTAACCGATCGAAACTTAAATACAGCCTTCTTCGACCCTGCGGGCG
GTGGAGACCCAATTCTTTACCAAC

鲕属 *Seriola* Cuvier, 1816

>>> 杜氏鲕 *Seriola dumerili*（Risso, 1810）

标本号：GDYH69；采集时间：2015-04-23；

采集海域：汕尾外海，348渔区，21.750°N，115.750°E

中文别名：鲕、杜氏鲕

英文名：Greater amberjack

形态特征：

该标本为全长5.62 mm、脊索长5.00 mm的杜氏鲕仔鱼，处于弯曲前期，身体纺锤形，稍侧扁。头大，头长为脊索长的33.64%，头高为脊索长的35.30%；体高为脊索长的30.12%。口斜位，口裂达眼前部下方。吻钝尖，上颌边缘黑色，下颌具7个明显的点状黑色素斑，吻长为头长的39.18%。眼中等大，近圆形。颅顶具数个小梅花状黑色素斑。腹囊长三角形，腹囊上半部布满黑色素，肛门位于身体后部，肛前距为脊索长的71.28%。背鳍鳍褶明显，背鳍基底开始发育，基底下方具浓密黑色素斑，呈带状。肛门上方体中轴上具一浓黑色的线条。臀鳍鳍褶明显，臀鳍基底发育，基底上方黑色素斑呈线状，体节上具4~6个大型梅花状辐射黑色素斑。肌节可计数，为12+12/13。

保存方式：甲醛

DNA条形码序列：

GCCTTAAGTTTACTCATCCGAGCAGAACTAAGCCAACCCGGGGCTCTCCTGGGAGACGAT

CAAATTTACAACGTAATCGTTACAGCACACGCGTTTGTAATAATTTTCTTTATAGTAATGCCAATT
ATGATTGGAGGATTTGGGAACTGACTCATCCCTTTAATGATTGGAGCTCCCGATATAGCATTCCC
TCGAATGAATAATATGAGCTTCTGACTCCTCCCTCCTTCATTCCTTCTACTCCTAGCCTCTTCGGG
TGTTGAAGCCGGAGCCGGGACAGGTTGGACAGTTTACCCGCCTCTGGCCGGCAACCTCGCCC
ACGCAGGAGCATCCGTAGACTTAACAATTTTCTCCCTTCACTTAGCTGGGATCTCCTCAATTCTA
GGAGCTATTAACTTCATCACAACCATCGTCAATATGAAACCCCACGCCGTTTCCATGTACCAAAT
TCCCCTGTTTGTCTGAGCTGTCCTTATCACGGCTGTACTCCTACTCCTATCACTTCCAGTCCTAG
CCGCCGGTATTACAATGCTTCTTACAGACCGAAACTTAAACACTGCCTTCTTTGACCCAGCTGG
AGGAGGGGATCCCATCCTTTACCAAC

竹筴鱼属 *Trachurus* Rafinesque, 1810

>>> 日本竹筴鱼 *Trachurus japonicus*（Temminck & Schlegel, 1844）

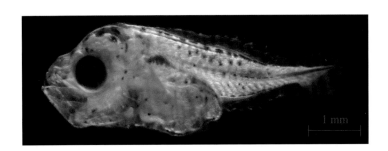

标本号：BBWZ145；采集时间：2014-02-17；
采集海域：北部湾北部海域，388渔区，20.653° N，108.266° E

中文别名：巴浪、山鲐鱼、黄占、大目鲭

英文名：Japanese jack mackerel

形态特征：

该标本为全长5.88 mm、脊索长5.64 mm的日本竹筴鱼仔鱼，处于弯曲前期，身体纺锤形，薄而侧扁。头中等大，头长为脊索长的33.40%，头高为脊索长的34.25%；体高为脊索长的33.04%。口斜位，口裂达眼中部下方，下颌略长于上颌。吻略尖，吻上、下具数个点状黑色素斑，吻长为头长的32.63%。眼大，圆形，眼径为头长的35.70%。眼上方有2个点状黑色素斑。颅顶具6个大小不一的菊花状黑色素斑。前鳃盖骨有6枚棘，其上方具2个黑色素斑。下颌隅角至肛门零散分布有几个点状黑色素斑。背鳍鳍褶和臀鳍鳍褶较宽，薄而透明。背鳍鳍褶基底发育中，未见丝状鳍条发育。背鳍鳍褶基底分布有14个菊花状黑色素斑，其下方的背部体节上具8个梅花状黑色素斑。体中轴上具9个黑色素斑。腹囊长圆形，囊顶具一大型黑色素丛。肛门位于身体后部，肛前距为脊索长的62.53%。腹囊上分布有多个点状黑色素斑。肌节可计数，为9+14。

保存方式：甲醛

DNA条形码序列：

GCTTTAAGCCTGCTTATTCGGGCAGAACTAAGCCAACCTGGCGCCCTTCTAGGGGATGAC
CAAATTTACAACGTAATTGTTACGGCCCACGCTTTCGTAATAATTTTCTTTATAGTAATGCCAATT
ATGATTGGAGGCTTTGGAAACTGACTGATTCCGCTAATGATCGGGGCCCCTGATATAGCCTTCC
CTCGAATGAATAACATGAGCTTCTGACTACTCCCTCCCTCCTTCCTTTTGCTTTTAGCCTCTTCA
GGGGTTGAAGCCGGGGCCGGAACTGGTTGAACAGTCTATCCCCCACTGGCTGGGAACCTTGCC
CACGCCGGAGCGTCCGTAGATTTAACCATCTTCTCCCTTCACCTAGCAGGGGTCTCATCAATTCT
AGGGGCTATTAATTTTATTACCACTATTATTAACATGAAACCTCCTGCAGTCTCAATATATCAAAT
CCCACTATTTGTTTGAGCTGTCTTAATTACAGCCGTCCTTCTTCTTCTCTCTCTTCCTGTCCTAGC
TGCTGGCATTACAATACTTCTAACAGACCGGAATCTAAATACTGCTTTCTTTGACCCAGCAGGA
GGGGGAGACCCAATTCTTTATCAAC

眼镜鱼科 Menidae

眼镜鱼属 *Mene* Lacepède, 1803

>>> **眼镜鱼** *Mene maculata*（Bloch & Schneider, 1801）

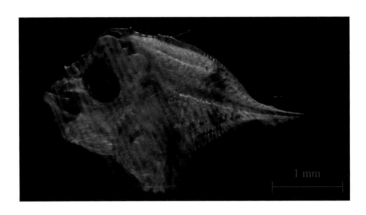

1 mm

标本号：BBWZ702；采集时间：2014-08-28；

采集海域：北部湾海域，443渔区，19.758° N，108.062° E

中文别名：杀猪刀

英文名：Moonfish

形态特征：

该标本为全长3.83 mm、脊索长3.72 mm的眼镜鱼仔鱼，处于弯曲前期，身体侧扁，体高为脊索长的60.29%。头大而宽，头长为脊索长的38.45%，头高为脊索长的52.55%。口斜位，下颌长于上颌，口裂小，未达眼的前部，吻长为头长的16.12%。眼大，圆形，眼径为头长的32.17%。腹囊三角形，肠道盘旋于内，肛门开口于身体中部靠前，肛前距为脊索长的45.27%。眼上缘的后脑部具9个辐射状黑色素斑，身体中后部散布一些辐射状黑色素斑。背鳍基底尚在发育，鳍条不明显；臀鳍基底可见鳍条18条，仍在发育。肌节数可计，为9+13。

保存方式：甲醛

DNA条形码序列：

GCCCTAAGTCTACTCATCCGAGCAGAACTTAACCAACCTGGCACTCTCCTGGGAGACGAC
CAAATCTATAATGTAATTGTTACGGCACACGCCTTTGTAATAATTTTCTTTATAGTAATACCAATTA
TGATTGGAGGCTTCGGAAACTGACTGATCCCCCTAATAGTTGGAGCCCCCGACATAGCATTCCC
TCGAATAAACAACATGAGCTTCTGACTTCTCCCTCCCTCGTTCCTTCTCCTACTGGCCTCCTCAG
GAGTAGAAGCCGGTGCCGGAACGGGATGAACCGTATACCCGCCTCTTGCCGGGAATTTAGCCC
ACGCCGGAGCATCTGTTGACCTCACAATTTTCTCACTTCACTTGGCCGGGGTCTCTTCAATTCTT
GGGGCAATTAATTTTATTACTACGATTATCAACATGAAACCACCTACTGTCTCAATGTACCAAAT
TCCTTTATTTGTTTGAGCAGTCCTAATTACAGCCGTCCTTCTCCTCCTTTCCCTCCCGGTCCTAGC
TGCCGGAATTACAATGCTGTTAACAGACCGAAACCTGAACACCGCTTTCTTTGACCCTACTGGA
GGAGGCGACCCTATTCTCTACCAAC

> 鲾科 Leiognathidae
>
> 项鲾属 *Nuchequula* Whitley, 1932

>>> 项斑项鲾 *Nuchequula nuchalis*（Temminck & Schlegel, 1845）

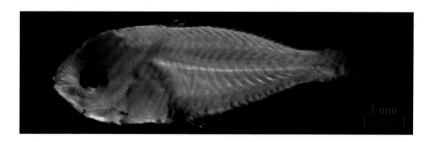

标本号：XWZ230；采集时间：2013-04-19；
采集海域：徐闻角尾海域，418渔区，20.225°N，109.994°E

中文别名：金钱仔、碗米仔

英文名：Spotnape ponyfish

形态特征：

该标本为全长8.69 mm、体长7.33 mm的项斑项鲾仔鱼，处于弯曲后期，体侧扁，延长。头长为体长的30.31%，头高为体长的31.28%。口前位，吻短小，吻长为头长的31.58%；口裂达眼前缘下方，下颌隅角和锁骨部不突出。眶上棘弱，后头冠棘隐约可见，鳃盖棘弱，具6/7枚。眼大，圆形，眼径为头长的32.97%。腹囊卵形，肠道短，肛门位于身体前部，肛前距为体长的41.60%。肌节可计数，为5+18/19，呈向右侧歪倒的M形。

保存方式：甲醛

DNA条形码序列：

GCCCTAAGCTTGCTCATCCGAGCTGAGCTGAGCCAACCTGGCGCCCTTTTAGGTGACGAC
CACATTTATAATGTTATCGTTACTGCACATGCATTCGTAATAATTTTCTTTATAGTTATACCAATTAT
GATCGGAGGGTTTGGCAACTGACTAATTCCCCTTATAATTGGTGCCCCCGACATGGCATTTCCCC
GAATAAACAATATAAGCTTTTGACTTCTCCCTCCCTCGTTTCTTCTTCTTCTAGCATCCTCCGGCA
TTGAGGCTGGTGCAGGTACAGGATGAACAGTTTATCCACCCCTGGCGGGCAATCTTGCCCACG
CAGGCGCATCCGTTGACCTAACGATTTTTTCCCTACACTTGGCCGGAATCTCCTCAATTCTAGGA
GCAATCAACTTTATTACCACAATCATTAATATAAAACCCCCAGCAATTACACAATTCCAAACCCC
CCTATTTGTATGAGCGGTTTTAATTACAGCAGTTTTACTACTCCTTTCCCTCCCAGTCCTTGCAGC
AGGAATTACCATGCTCCTTACCGATCGTAACCTCAACACCACTTTCTTTGACCCCGCAGGAGGA
GGAGACCCGATCCTTTACCAAC

光胸鲾属 *Photopectoralis* Sparks, Dunlap & Smith, 2005

>>> 黄斑光胸鲾 *Photopectoralis bindus*（Valenciennes, 1835）

标本号：BBWZ362；采集时间：2014-02-14；

采集海域：北部湾海域，488渔区，18.690° N，107.377° E

中文别名：碗米仔、金钱仔

英文名：Orangefin ponyfish

形态特征：

该标本为全长6.38 mm、体长5.46 mm的黄斑光胸鲾仔鱼，处于弯曲期，体侧扁。头大，脑部发达，明显拱起，头高为体长的38.44%。口前位，吻短小，吻长为头长的33.74%；口裂达眼前缘下方，下颌隅角、锁骨部突出，均呈深黑色。眶上棘弱，后头冠棘隐约可见，鳃盖棘强，具6/7枚。眼大，圆形，眼径为头长的38.85%。肛门位于身体前部，肠道短，肛前距为体长的43.18%。腹囊卵形，腹囊上缘具2个大型点状色素斑，右侧靠肛门具2个色素斑，连成线状。肌节可计数，为5+18/19，呈向右侧歪倒的M形。

保存方式：甲醛

DNA条形码序列：

GCTTTAAGCCTACTTATCCGAGCAGAGCTAAGCCAGCCCGGCGCTCTCTTAGGTGATGACC
ACATTTATAATGTTATCGTCACCGCACATGCATTTGTAATAATTTTCTTCATGGTGATGCCGATTAT
AATTGGAGGATTCGGCAACTGACTTATTCCCTTAATAATTGGAGCCCCTGACATAGCATTCCCCC

GAATAAATAACATAAGTTTTTGACTACTTCCACCATCTTTTCTTCTACTTCTAGCATCCTCCGGAA
TTGAAGCTGGAGCAGGTACAGGATGAACAGTCTACCCCCCGCTAGCAGGAAACCTTGCCCATG
CAGGTGCCTCTGTTGATCTAACAATTTTTTCACTCCACCTTGCCGGAATCTCTTCAATTTTAGGG
GCTATCAACTTTATCACAACAATCATCAATATAAAACCCCCCGCCATCTCACAATTCCAAACTCC
TTTATTCGTATGAGCTGTTCTAATTACAGCAGTTTTACTTCTCCTATCCTTACCAGTTCTTGCAGC
AGGGATCACCATACTACTGACTGACCGAAACCTAAATACCACGTTCTTTGACCCTGCAGGAGGG
GGGGACCCAATTCTCTACCAAC

仰口鲾属 *Secutor* Gistel, 1848

>>> 鹿斑仰口鲾 *Secutor ruconius*（Hamilton, 1822）

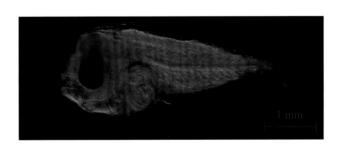

标本号：BBWZ01；采集时间：2013-11-01；
采集海域：金沙海域，362渔区，21.333° N，108.500° E

中文别名：金钱仔

英文名：Orangefin ponyfish

形态特征：

该标本为全长4.53 mm、脊索长3.96 mm的鹿斑仰口鲾仔鱼，处于弯曲前期，体侧扁。头部大，后头冠棘强，头高为脊索长的44.12%。口前位，吻短小，口裂达眼前缘下方，吻长为头长的29.24%；下颌隅角、锁骨部突出不明显。鳃盖棘弱，具6/7枚。眼大，圆形，眼径为头长的36.63%。腹囊卵圆形，腹囊上缘具一浅黑色带状色素斑，延伸至肛门。肛门位于身体前部，肠道短，肛前距为脊索长的46.22%。肌节可计数，为5+18，呈向右侧歪倒的M形。

保存方式：甲醛

DNA条形码序列：

GCCCTAAGTTTACTCATCCGAGCAGAATTAAGCCAACCCGGCGCTCTCCTAGGAGATGAC
CATATTTATAACGTTATTGTTACCGCACATGCATTCGTAATAATTTTCTTTATAGTAATACCCATTAT
AATCGGAGGCTTCGGAAACTGACTTATTCCCCTAATAATTGGAGCCCCAGACATAGCATTCCCA
CGAATAAACAACATAAGCTTCTGACTTCTTCCCCCATCATTTCTTCTATTACTAGCATCTTCAGG
AATTGAAGCCGGTGCAGGAACAGGATGAACCGTGTACCCCCCTCTAGCAGGCAACCTTGCCCA
CGCAGGAGCCTCTGTTGACTTAACAATTTTCTCCCTTCACCTAGCAGGAATTTCCTCAATCCTG
GGCGCTATTAATTTTATCACAACAATTATCAACATAAAACCCCCAGCCATTTCACAATTCCAAAC
TCCCCTATTTGTGTGAGCTGTCTTAATTACGGCCGTACTCCTTCTCCTTTCCCTACCAGTCCTTGC
TGCCGGAATTACAATACTATTAACTGACCGAAATCTAAACACCACCTTCTTTGACCCCGCAGGA
GGAGGTGATCCAATCCTCTACCAAC

笛鲷科 Lutjanidae

笛鲷属 *Lutjanus* Bloch, 1790

>>> 金焰笛鲷 *Lutjanus fulviflamma*（Forsskål, 1775）

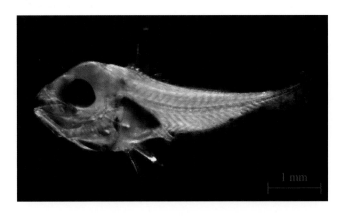

标本号：GDYH228；采集时间：2015-05-06；

采集海域：琼东海域，449渔区，19.537°N，112.730°E

中文别名：赤笔仔、红鸡仔、红鱼

英文名：Dory snapper

形态特征：

该标本为全长5.26 mm、脊索长5.08 mm的金焰笛鲷仔鱼，处于弯曲前期，体纺锤形。头长为脊索长的34.92%，头高为脊索长的32.37%；体高为脊索长的20.15%。口前位，吻长为头长的12.41%；口裂达眼前部下方。眼大，近圆形，眼径为头长的31.71%。前鳃盖棘为强棘，边缘具1个黑色素斑，中脑具1个小型点状黑色素斑，后脑部后方隐约可见1个黑色素斑。腹囊三角形，上缘黑色；肛门位于身体中部，肛前距为脊索长的51.20%。肛门后第九肌节具1个点状黑色素斑。背鳍第二鳍棘强大，尚在发育中，占脊索长的15.99%。腹鳍鳍棘强大，占脊索长的15.60%。肌节可计数，为8+18。

保存方式：甲醛

DNA条形码序列：

GCCCTAAGCCTGCTCATTCGAGCAGAACTTAGCCAACCAGGAGCTCTCCTTGGAGACGAC
CAGATTTACAATGTAATTGTTACAGCACATGCCTTTGTAATAATTTTCTTTATAGTAATACCAATCA
TGATCGGAGGATTTGGGAACTGACTAATTCCACTAATGATCGGAGCCCCTGACATGGCTTTCCC
CCGAATGAACAACATGAGCTTTTGACTCCTTCCCCCATCATTCCTACTGCTACTAGCCTCCTCAG
GAGTAGAAGCCGGAGCTGGGACTGGGTGGACGGTGTATCCCCCTTTAGCAGGAAACCTCGCAC
ACGCAGGTGCATCTGTTGACCTCACCATCTTCTCCCTTCACCTAGCAGGGGTTTCTTCAATTCTA
GGGGCCATCAACTTTATTACAACTATTATTAACATGAAACCCCCAGCCATCTCCCAATACCAAAC
ACCTCTATTTGTTTGAGCTGTCCTAATTACCGCTGTCCTGCTTCTTCTTTCCCTTCCAGTCCTAGC
TGCCGGAATTACAATGCTCCTCACAGATCGAAACCTAAATACCACTTTCTTTGACCCAGCAGGA
GGAGGAGACCCCATCCTCTACCAGC

>>> 勒氏笛鲷 *Lutjanus russellii*（Bleeker, 1849）

标本号：GDYH264；采集时间：2015-05-07；

采集海域：琼东海域，472渔区，19.406° N，112.727° E

中文别名：火点、加归、沙记

英文名：Russell's snapper

形态特征：

该标本为全长6.04 mm、体长5.09 mm的勒氏笛鲷仔鱼，处于弯曲期，体纺锤形。头长为体长的30.00%，头高为体长的28.02%；体高为体长的28.67%。口前位，吻长为头长的31.13%；口裂达眼前部下方。眼中等大，近圆形，眼径为头长的40.00%。外部前鳃盖棘具1枚强棘，超过腹囊中后部，接近肛门。腹囊桃形，整体呈黑色。肛门位于身体中后部，肛前距为体长的56.01%。中脑具8/9个梅花状辐射黑色素斑连成一片，肛门后第八肌节具1个点状黑色素斑。背鳍第二棘强大，占体长的39.18%。腹鳍鳍棘强大，占体长的30.59%。肌节可计数，为8+18。

保存方式：甲醛

DNA条形码序列：

GCCCTAAGCCTGCTCATTCGAGCAGAGCTTAGTCAACCAGGAGCTCTTCTTGGAGACGAC
CAGATTTATAATGTAATTGTTACAGCACATGCTTTTGTAATAATTTTCTTTATAGTAATACCAATCA
TGATCGGAGGGTTTGGGAACTGACTAATCCCACTAATGATCGGAGCCCCTGACATGGCATTCCC
CCGAATGAACAACATGAGTTTTTGACTCCTCCCGCCCTCCTTCCTACTTCTATTAGCCTCTTCAG
GCGTAGAAGCCGGAGCCGGGACTGGATGAACAGTCTACCCCCCTCTAGCAGGGAACCTCGCAC
ACGCAGGAGCATCTGTTGACCTAACTATCTTCTCTCTTCATCTGGCAGGTGTTTCTTCAATTCTA
GGAGCTATCAATTTCATTACAACAATTATTAACATGAAACCCCCGCTATCTCTCAGTACCAAAC
ACCTCTATTTGTCTGAGCCGTCCTAATTACCGCTGTCCTGCTCCTTCTCTCTCTTCCAGTTCTAGC
TGCCGGAATTACAATACTTCTCACAGATCGAAACCTGAATACTACTTTCTTTGACCCAGCAGGA
GGAGGAGACCCCATCCTTTACCAAC

梅鲷科 Caesionidae

鳞鳍梅鲷属 *Pterocaesio* Bleeker, 1876

>>> **双带鳞鳍梅鲷** *Pterocaesio digramma*（Bleeker, 1864）

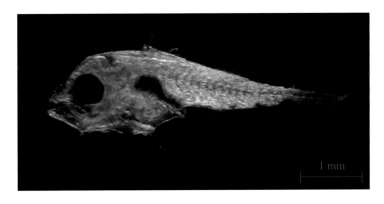

标本号：BBWZ309；采集时间：2014-04-23；
采集海域：北部湾口海域，558渔区，17.270° N，109.256° E

中文别名：双带乌尾鲛

英文名：Double-lined fusilier

形态特征：

该标本为全长5.02 mm、脊索长4.06 mm的双带鳞鳍梅鲷仔鱼，处于弯曲前期，身体呈纺锤形。头长为脊索长的36.04%，体高为脊索长的28.58%。口斜位，上颌和下颌约等长，口裂至眼中部下方，吻长为头长的28.68%。眼大，近圆形，眼径为头长的36.61%。腹囊近三角形，上缘至肛门具1个鸭舌帽状的大黑色素斑。肛门开口于体外，位于身体中部靠后，肛前距为脊索长的56.50%。背鳍鳍褶退化中，前部已发育，具棘5枚，以第二棘最强。背鳍起点至吻端距离为脊索长的39.34%。腹鳍具2枚强棘。臀鳍鳍褶薄而透明，臀鳍基底尚未发育。腹部具2个块状黑色素斑。肌节可计数，为7+17。

保存方式：甲醛

DNA条形码序列：

GCATTAAGCCTGCTAATTCGAGCAGAACTAAGCCAACCAGGAGCTCTTCTTGGAGACGAC
CAAATTTACAATGTAATTGTAACAGCACATGCATTTGTAATAATTTTCTTTATAGTAATGCCAATTA
TGATCGGAGGATTTGGGAACTGACTGATCCCGTTAATGATCGGAGCCCCCGACATGGCATTTCC
TCGAATGAACAACATGAGCTTTTGACTTCTCCCCCCATCATTCCTACTTCTACTCGCCTCCTCTG
GAGTAGAAGCCGGGGCTGGAACTGGGTGAACAGTATACCCCCCACTGGCAGGCAACCTGGCA
CACGCAGGGGCATCTGTTGACCTAACTATTTTCTCCCTTCACTTAGCAGGGGTCTCCTCGATTCT
AGGGGCTATCAACTTCATTACAACCATTATTAATATGAAACCTCCCGCTATTTCCCAATATCAAAC
ACCCCTATTTGTTTGAGCCGTCCTTATTACCGCCGTCCTCCTCCTTCTTTCTCTCCCAGTCCTAGC
TGCCGGAATTACAATGCTCCTTACAGACCGAAACCTAAATACCACCTTCTTTGACCCAGCAGGA
GGGGGCGATCCCATCCTCTACCAAC

银鲈科 Gerreidae

银鲈属 *Gerres* Quoy & Gaimard, 1824

>>> **长棘银鲈** *Gerres filamentosus* Cuvier, 1829

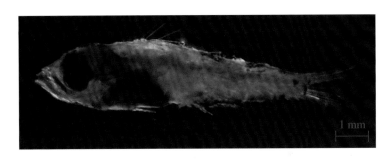

1 mm

标本号：BBWZ770；采集时间：2014-08-24；
采集海域：北部湾海域，488渔区，18.750°N，107.417°E

中文别名：银鲈

英文名：Whipfin silver-biddy

形态特征：

该标本为全长9.80 mm、体长8.29 mm的长棘银鲈仔鱼，处于弯曲后期，身体修长。头中等大，头长为体长的31.58%，头高为体长的23.69%；体高为体长的24.77%。口斜位，下颌和上颌约等长，口裂达眼中部下方。吻尖，吻长为头长的28.46%。眼大，圆形，眼径为头长的40.99%。腹囊三角形，黑色。肛门位于身体近中部，肛前距为体长的48.46%。背鳍鳍棘强大，第一背鳍起点至吻端距离为体长的31.36%。背部缺损，中后部可见数个黑色素斑。背鳍基底上具一列黑色素斑。肌节不可计数。

保存方式：甲醛

DNA条形码序列：

GCCCTCAGCCTACTTATCCGAGCTGAGCTATGCCAACCTGGTTCTCTCCTAGGAGACGATC

AGATCTACAATGTTATCGTCACAGCTCATGCATTTGTAATAATTTTTTTCATGGTTATACCAATCAT
GATCGGAGGGTTTGGCAACTGACTTATCCCCTTAATGATCGGGGCGCCAGATATGGCATTCCCTC
GAATAAATAACATGAGCTTTTGACTCCTGCCCCCTTCATTCCTTCTTCTCTTGGCCTCATCAGGT
GTAGAGGCAGGGGCCGGGACTGGATGAACTGTCTATCCCCCTCTATCCGGAAACCTGGCTCATG
CAGGAGCATCCGTAGACCTGACCATTTTCTCACTCCACCTGGCTGGAATTTCATCAATCCTGGG
GGCCATTAACTTCATTACTACAATTATTAACATGAAACCCCCTGCTATCTCACAGTATCAAACAC
CCCTTTTCGTTTGATCCGTCCTAATTACCGCAATTCTCCTACTTCTATCGCTTCCTGTTTTAGCTG
CTGGAATCACAATACTACTTACAGATCGGAACCTAAACACCACATTCTTCGACCCTGCAGGAGG
TGGAGACCCGATTCTTTACCAGC

>>> 日本银鲈 *Gerres japonicus* Bleeker, 1854

标本号：XWZ72；采集时间：2013-09-27；
采集海域：徐闻角尾海域，418渔区，20.225° N，109.994° E

中文别名：银鲈

英文名：Japanese silver-biddy

形态特征：

该标本为全长12.64 mm、体长10.78 mm的日本银鲈仔鱼，处于弯曲后期，身体修长，体高为体长的24.33%。头长为体长的29.00%，头高与体高相近，头高为体长的24.50%。颅顶一侧有8～10个菊花状黑色素斑。口斜位，下颌和上颌约等长，口裂达眼中部下方。上颌端有2个点状黑色素斑，吻长为头长的37.82%。眼大，圆形，眼径为头长的32.65%。眼部中后方具一大一小明显的点状黑色素斑。肩带缝合部隐约可见黑色素斑。腹囊桃形，上缘及中间隐约可见数个大型黑色素斑。肛门位于身体中部，肛前距为体长的49.21%。背鳍连续，第一背鳍棘鳍10枚，第二背鳍鳍棘1枚、鳍条10条，第一背鳍起点至吻端距离为体长的34.91%。第二背鳍基底下方具9/10个淡黄色色素斑，第二背鳍后具5个黑色点状色素斑。臀鳍鳍棘3枚，鳍条可计数，为10条；其基底至腹部靠后具14个点状褐色素斑排列。尾柄下部具5个黑色素斑。尾鳍截形，尚未分叉。肌节可计数，为9+15。

保存方式：甲醛

DNA条形码序列：

GCCTTGAGCCTACTCATCCGAGCTGAGCTAAGCCAACCCGGCTCTCTCTTAGGAGATGAC
CAAATCTACAATGTCATTGTTACGGCTCACGCATTCGTAATAATTTTTTTTATAGTAATACCAATCA
TGATTGGAGGCTTCGGAAACTGACTGATCCCACTAATGATCGGAGCCCCAGATATGGCATTCCC
CCGAATGAACAATATGAGCTTCTGACTTCTCCCTCCTTCATTCTTGCTTCTCTTGGCCTCTTCAG
GCGTAGAGGCCGGAGCCGGAACGGGATGAACCGTCTACCCCCCTCTATCTGGAAATTTAGCCC
ATGCTGGAGCATCCGTCGACCTAACAATTTTCTCTCTTCACCTGGCGGGTATTTCATCAATCTTA
GGAGCTATCAATTTCATCACCACTATCATCAACATAAAACCACCAGCCATTTCTCAGTACCAAAC
ACCCCTTTTCGTCTGAGCAGTGCTAATTACCGCAGTTCTTCTTCTCCTCTCACTTCCTGTCCTAG
CTGCTGGTATTACTATGCTTCTGACAGACCGAAACCTGAACACTACCTTCTTCGACCCTGCAGG
AGGTGGTGACCCAATCCTTTACCAAC

>>> **缘边银鲈** *Gerres limbatus* Cuvier, 1830

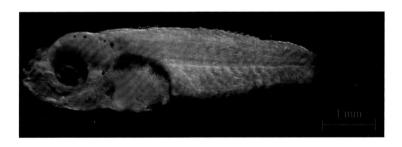

标本号：BBWZ26；采集时间：2013-11-02；
采集海域：北海近海，362渔区，21.003°N，108.706°E

中文别名：银鲈

英文名：Saddleback silver-biddy

形态特征：

该标本为全长6.66 mm、体长5.58 mm的缘边银鲈仔鱼，处于弯曲期，身体修长，略扁。头大，头长为体长的31.39%，头高为体长的26.31%；体高为体长的27.05%。口斜位，口裂达眼前部下方，吻长为头长的34.29%。眼大，圆形，眼径为头长的37.14%。眼后方有2个点状黑色素斑。颅顶有2个点状黑色素斑，脑后具2个黑色素斑。腹囊桃形，肛门位于身体中部略靠后，肛前距为体长的54.57%。背鳍鳍棘不可计数，鳍条可计数，为10/11条。臀鳍发育中，鳍条可计数，为7条。尾鳍截形。肌节可计数，为8+16。

保存方式：甲醛

DNA条形码序列：

GCCCTAAGCTTACTTATCCGAGCTGAACTGAGCCAACCTGGCTCCCTCCTAGGAGACGAC
CAAATTTACAACGTCATCGTAACAGCTCACGCATTTGTAATAATTTTTTTCATGGTAATACCTATC
ATGATTGGAGGGTTCGGAAACTGACTCATCCCGTTGATGATTGGAGCACCTGACATGGCCTTCC
CTCGCATAAACAACATAAGCTTCTGACTCCTCCCTCCTTCTTTCCTGCTTCTCCTAGCATCTTCA
GGCGTAGAAGCTGGAGCCGGAACTGGCTGAACAGTCTACCCTCCGCTAGCTGGAAATTTAGCC
CACGCTGGAGCATCTGTAGACCTAACTATTTTCTCACTCCACTTAGCTGGCATTTCGTCTATCTTA
GGGGCAATCAACTTTATTACAACTATTATTAACATAAAACCACCTGCAATTTCCCAGTATCAGAC
CCCTCTTTTCGTCTGAGCCGTCCTCATCACCGCCGTCTTGCTCCTTCTCTCTCTCCCCGTTCTGG
CCGCTGGAATCACAATGTTACTCACAGACCGGAATCTTAACACTACCTTCTTTGACCCCGCCGG
AGGTGGCGACCCTATTCTCTACCAAC

>>> **奥奈银鲈** *Gerres oyena*（Forsskål, 1775）

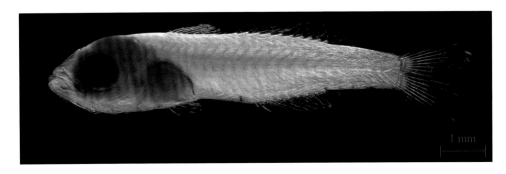

标本号：XWZ38；采集时间：2013-09-25；

采集海域：徐闻角尾海域，418渔区，20.225° N，109.994° E

中文别名：银鲈、钻嘴鱼

英文名：Common silver-biddy

形态特征：

该标本为全长9.15 mm、体长7.61 mm的奥奈银鲈仔鱼，处于弯曲期，身体修长，体高为体长的20.18%。头中等大，头长为体长的27.07%，头高与体高相近，头高为体长的21.75%。口斜位，下颌和上颌约等长，口裂达眼中部下方，吻钝圆，吻长为头长的27.73%。眼大，圆形，眼径为头长的45.65%。腹囊桃形，顶部至右边缘具黑色素线。肛门位于身体中部略靠后，肛前距为体长的54.31%。第一背鳍鳍棘为8枚，第二背鳍鳍棘1枚、鳍条9条，第一背鳍起点至吻端距离为体长的34.90%。臀鳍鳍棘3枚，鳍条可计数，为7/8条。尾鳍叉形，其基底部可见2个浅棕色条状色素斑。肌节可计数，为12+11。

保存方式：甲醛

DNA条形码序列：

GCCTTGAGCCTACTCATCCGAGCTGAGCTAAGCCAACCCGGCTCTCTCTTAGGAGATGAC
CAAATCTACAATGTCATTGTTACGGCTCACGCATTCGTAATAATTTTTTTTATAGTAATACCAATC

ATGATTGGAGGCTTCGGAAACTGACTGATCCCACTAATGATCGGAGCCCCAGATATGGCATTCC
CCCGAATGAACAATATGAGCTTCTGACTTCTCCCTCCTTCATTCTTGCTTCTCTTGGCCTCTTCA
GGCGTAGAGGCCGGAGCCGGAACGGGATGAACCGTCTACCCCCCTCTATCTGGAAATTTAGCC
CATGCTGGAGCATCCGTCGATCTAACAATTTTCTCTCTCCACCTGGCGGGTATTTCATCAATCTTA
GGAGCTATCAATTTCATCACCACTATCATCAACATAAAACCACCAGCCATTTCTCAGTACCAAAC
ACCCCTTTTCGTCTGAGCAGTGCTAATTACCGCAGTTCTTCTTCTCCTCTCACTTCCTGTCCTAG
CTGCTGGTATTACGATGCTTCTGACAGACCGAAACCTGAACACTACCTTCTTCGACCCTGCAGG
AGGTGGTGACCCAATCCTTTACCAAC

金线鱼科 Nemipteridae

金线鱼属 *Nemipterus* Swainson, 1839

>>> 深水金线鱼 *Nemipterus bathybius* Snyder, 1911

标本号：GDYH37；采集时间：2015-04-16；

采集海域：琼州海峡以东海域，422渔区，20.083° N，111.750° E

中文别名：黄肚、瓜三

英文名：Yellowbelly threadfin bream

形态特征：

该标本为全长5.26 mm、脊索长4.68 mm的深水金线鱼仔鱼，处于弯曲前期，身体纺锤形。头长为脊索长的29.64%，头高为脊索长的28.95%；体高为脊索长的23.06%。口前位，口裂达眼前部下方，吻长为头长的25.74%。眼大，近圆形，眼径为头长的51.48%。眼下方具1个点状黑色素斑，头部上方出现1个点状黑色素斑。腹囊三角形，腹囊上缘和体中轴下方有跨5个肌节的黑色素宽带。肛门位于身体中前部，开口处有1个黑色素斑，肛门上方有1个条状黑色素斑，肛前距为脊索长的46.79%。臀鳍鳍褶上方基底有12个点状黑色素斑排列。背鳍鳍褶和臀鳍鳍褶经尾索处连为一体，基底开始发育。肌节可计数，为7+16/17。

保存方式：甲醛

DNA条形码序列：

GCACTAAGTCTGCTTATTCGAGCTGAACTCAGTCAACCAGGAGCCCTTTTAGGTGACGAC
CAAATTTATAATGTCATTGTTACGGCTCACGCTTTTGTAATAATTTTCTTTATAGTAATACCAATTA
TGATCGGCGGGTTCGGAAACTGATTAATCCCGCTAATGATCGGGGCCCCTGATATGGCCTTCCC
TCGAATAAACAATATGAGCTTCTGGCTTTTACCCCCTTCTTTCCTTTTACTTCTCGCCTCATCTGG
CATTGAAGCAGGGGCAGGAACAGGTTGAACAGTCTATCCCCCTCTAGCAGGTAACCTGGCACA
TGCAGGGGCATCTGTTGATTTAACTATTTTCTCCCTTCACCTGGCTGGGATTTCTTCAATTTTAGG
GGCCATCAACTTTATCACTACTATTTTTAATATAAAACCTCCAGCTATCTCTCAGTACCAAACACC
CCTATTCGTTTGAGCAGTTCTTATTACAGCTGTCCTTCTCCTTCTTTCTCTCCCCGTTTTAGCGGC
CGGTATTACAATGCTTTTAACTGACCGTAATCTAAACACAACTTTCTTTGATCCTGCAGGCGGGG
GAGATCCTATTCTTTACCAAC

>>> **金线鱼** *Nemipterus virgatus*（Houttuyn, 1782）

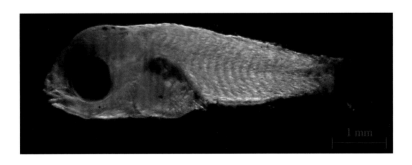

标本号：BBWZ316；采集时间：2014-04-20；
采集海域：北部湾湾口海域，534渔区，17.720° N，107.767° E

中文别名：红三、三仔

英文名：Golden threadfin bream

形态特征：

该标本为全长6.00 mm、体长5.44 mm的金线鱼仔鱼，处于弯曲期，身体纺锤形，略侧扁。头长为体长的33.41%，头高为体长的32.40%；体高为体长的27.08%。口前位，吻部短小，吻长为头长的26.54%；口裂达眼前部下方。眼大，圆形，眼径为头长的43.17%。眼下方有1个点状黑色素斑，头部上方有2个点状黑色素斑。肛门位于身体中部靠后，肛前距为体长的54.43%。腹囊三角形，上缘至肛门有带状黑色素斑，腹囊中部有1个点状黑色素斑。背鳍起点至吻端距离为体长的45.05%。各鳍尚在发育中。肌节可计数，为7+15。

保存方式：甲醛

DNA条形码序列：

GCACTAAGTTTGTTAATTCGAGCAGAGCTTAGTCAACCAGGGGCCCTCCTAGGCGACGAC
CAGATTTATAACGTTATTGTTACGGCTCACGCTTTTGTAATAATTTTCTTTATAGTAATACCAATTA
TGATCGGCGGGTTCGGAAACTGACTAATCCCCCTCATGATCGGAGCCCCCGACATGGCATTCCC
CCGAATAAATAACATAAGCTTCTGACTTTTACCCCCTTCTTTCCTTTTACTTCTTGCTTCGTCCGG
CATTGAGGCAGGGGCAGGAACAGGCTGAACAGTCTATCCCCCTCTTGCAGGCAACCTAGCACA
CGCAGGAGCATCCGTTGATTTAACCATTTTCTCACTCCACCTGGCTGGGATTTCTTCAATTTTAG
GGGCTATTAACTTTATTACTACTATTATTAATATGAAGCCTCCAGCTATTTCCCAATACCAAACAC
CCTTATTCGTATGGGCAGTTTTAATTACAGCTGTCCTCCTCCTTCTTTCTCTTCCCGTTTTAGCAG
CCGGTATTACAATGCTTCTAACTGACCGAAACCTAAACACAACCTTCTTCGACCCTGCAGGCGG
AGGAGATCCTATTCTTTACCAAC

眶棘鲈属 *Scolopsis* Cuvier, 1814

>>> **伏氏眶棘鲈** *Scolopsis vosmeri*（Bloch, 1792）

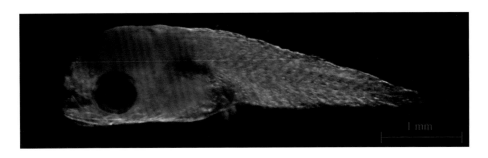

标本号：BBWZ298；采集时间：2014-04-22；

采集海域：北部湾湾口海域，556渔区，17.286° N，108.270° E

中文别名：赤尾冬仔、月白、白颈鹿

英文名：Whitecheek monocle bream

形态特征：

该标本为全长4.83 mm、脊索长4.44 mm的伏氏眶棘鲈仔鱼，处于弯曲前期，身体纺锤形。头长为脊索长的31.58%，头高为脊索长的27.03%；体高为脊索长的20.84%。口前位，口裂达眼前部下方，吻长为头长的28.23%。眼大，圆形，眼上缘围绕眼具1条黑色素带，眼径为头长的42.55%。肛门位于身体中后部，肛门上方有1个黑色素斑，肛前距为脊索长的54.06%。腹囊三角形，腹囊上缘和体中轴下方有跨4个肌节的黑色素宽带。体腹部有2块明显的点状黑色素斑。背鳍鳍褶和臀鳍鳍褶经尾索处连为一体，基底开始发育。肛前肌节不可计数，肛后肌节数为16。

保存方式：甲醛

DNA条形码序列：

GCATTAAGCCTACTCATCCGAGCTGAACTGAGCCAACCAGGCGCTCTCTTGGGAGATGAC

CAGATTTATAATGTGATTGTCACAGCTCATGCCTTCGTGATAATCTTCTTTATAGTTATACCAATTA
TGATTGGAGGGTTCGGAAACTGGCTGATTCCACTTATGATTGGCGCACCAGATATGGCATTTCCT
CGTATGAATAATATGAGTTTTTGACTACTTCCTCCATCATTCCTCCTACTCTTAGCCTCTTCAGGG
GTTGAGGCAGGAGCTGGCACAGGTTGGACCGTGTACCCCCCTCTTGCTGGAAACCTCGCACAT
GCTGGGGCATCCGTCGATTTAACTATCTTCTCCCTACATCTAGCGGGTATTTCTTCTATTTTAGGA
GCCATTAATTTTATCACAACCATTATCAACATGAAACCTCCGGCTATTTCACAATACCAAACACC
TCTCTTTGTCTGAGCCGTTCTAATTACTGCCGTCCTCCTTCTCCTCTCTCTCCCTGTTCTTGCTGC
CGGAATTACAATACTCCTAACAGATCGAAACTTGAACACAACCTTCTTCGACCCTGCAGGGGG
AGGAGACCCCATTCTTTACCAAC

> **鲷科 Sparidae**
>
> **棘鲷属** *Acanthopagrus* Peters, 1855

>>> 灰鳍棘鲷 *Acanthopagrus berda*（Forsskål, 1775）

标本号：BBWZ164；采集时间：2014-02-23；
采集海域：北部湾海域，490渔区，18.791°N，108.104°E

中文别名：黑立

英文名：Goldsilk seabream

形态特征：

该标本为全长11.81 mm、体长9.66 mm的灰鳍棘鲷初期稚鱼，身体呈纺锤形。头长为体长的31.60%，头高为体长的28.44%；体高为体长的34.90%。口前位，吻长为头长的25.79%；口裂达眼前部下方。眼大，近圆形，眼径为头长的38.05%。腹囊上缘黑色；肛门位于身体中后部，肛前距为体长的54.06%。背鳍和臀鳍鳍条明显。肌节可计数，为3/4+16。

保存方式：甲醛

DNA条形码序列：

GCTTTAAGCCTGCTTATTCGAGCCGAATTAAGCCAACCTGGCGCTCTTCTAGGAGACGAC
CAAATTTACAATGTAATTGTTACGGCACATGCATTTGTAATAATTTTCTTTATAGTAATACCAATTA
TGATTGGAGGCTTCGGGAATTGATTAGTACCACTTATGATTGGTGCCCCTGACATAGCATTCCCT
CGTATGAATAATATAAGCTTCTGACTTCTTCCCCCATCATTTCTCCTGCTGCTAGCTTCTTCTGGG
GTTGAAGCTGGGGCCGGTACCGGGTGAACAGTCTATCCCCCACTGGCAGGAAACCTAGCCCAC
GCAGGCGCATCAGTTGACCTAACCATTTTTTCTCTTCACCTAGCCGGAATTTCATCTATTCTTGG
GGCTATTAATTTTATTACTACTATTATTAATATGAAACCACCAGCCATCTCACAATATCAAACACC
CCTGTTCGTATGAGCCGTTTTAATTACTGCCGTCCTACTCCTCCTATCTCTCCCAGTCCTTGCTGC
CGGAATTACAATGCTCCTTACAGATCGTAATCTAAACACCACCTTCTTCGACCCAGCTGGAGGA
GGGGATCCTATCCTCTATCAAC

>>> **黄鳍棘鲷** *Acanthopagrus latus*（Houttuyn, 1782）

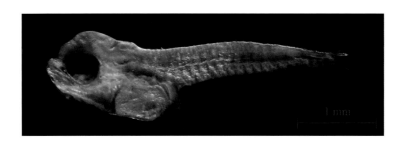

标本号：BBWZ40；采集时间：2013-11-03；
采集海域：北部湾海域，390渔区，20.894°N，109.258°E

中文别名：黄鳍鲷、黄立、赤翅仔

英文名：Yellowfin seabream

形态特征：

该标本为全长3.91 mm、脊索长3.29 mm的黄鳍棘鲷仔鱼，处于弯曲前期，身体修长。头长为脊索长的28.27%，头高为脊索长的27.90%；体高为脊索长的16.51%。口前位，吻长为头长的35.88%；口裂达眼前部下方。眼大，近圆形，眼径为头长的41.39%。卵黄囊尚未吸收完全，腹囊上缘黑色；肛门位于身体中前部，肛前距为脊索长的43.86%。肛门前缘具辐射状黑色素斑。背鳍和臀鳍鳍褶明显。肌节可计数，为3/4+16。

保存方式：甲醛

DNA条形码序列：

GCCTTAAGCCTGCTCATTCGAGCCGAATTAAGCCAACCTGGAGCTCTCCTAGGAGACGAT
CAAATTTATAATGTTATTGTTACAGCACATGCGTTTGTAATAATTTTTTTTATAGTAATACCAATTA
TGATTGGAGGCTTCGGAAATTGATTAGTACCACTTATGATCGGTGCTCCTGATATAGCATTCCCC
CGAATAAACAACATAAGCTTCTGACTTCTTCCCCCATCATTCCTCCTACTGCTAGCTTCTTCTGG
CGTCGAAGCTGGGGCCGGCACTGGATGGACAGTCTACCCCCCACTGGCAGGAAACCTCGCTCA
CGCAGGTGCATCAGTTGACCTGACTATTTTTTCTCTTCACCTGGCTGGGGTTTCATCTATTCTTG
GTGCCATTAATTTTATTACTACCATTATTAATATGAAGCCACCAGCTATTTCACAATATCAAACGC
CCCTATTTGTGTGGGCCGTTTTAATTACTGCCGTTCTACTTCTCTTGTCTCTTCCAGTTCTTGCTG
CCGGAATTACAATGCTCCTTACAGATCGAAACCTGAATACCACCTTCTTTGATCCAGCTGGAGG
GGGAGACCCTATTCTTTACCAAC

犁齿鲷属 *Evynnis* Jordan & Thompson, 1912

>>> 二长棘犁齿鲷 *Evynnis cardinalis*（Lacepède, 1802）

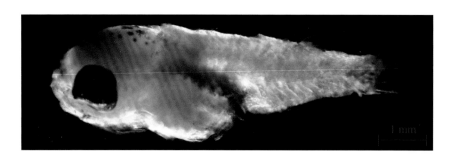

标本号：BBWZ218；采集时间：2014-02-17；

采集海域：北部湾海域，361渔区，21.231°N，108.262°E

中文别名：波立

英文名：Threadfin porgy

形态特征：

该标本为全长7.58 mm、体长6.65 mm的二长棘犁齿鲷仔鱼，处于弯曲期，身体纺锤形。头长为体长的36.39%，头高为体长的32.27%；体高为体长的29.58%。口前位，吻短，吻长为头长的18.26%；口裂达眼前部下方。眼大，近圆形，眼径为头长的39.57%。腹囊椭圆形，腹囊上缘黑色素沉淀为带状；肛门位于身体后部，肛前距为体长的59.96%。肛门被黑色素所覆盖。肌节可计数，为8+12。

保存方式：甲醛

DNA条形码序列：

GCCCTAAGCCTGCTCATTCGAGCTGAGCTTAGCCAGCCCGGGGCTCTCCTAGGCGACGAC
CAGATTTATAATGTAATTGTTACAGCACACGCATTTGTAATAATTTTCTTTATAGTAATGCCAATTA
TGATCGGGGGCTTTGGAAACTGATTAATTCCACTCATGATTGGTGCCCCTGATATAGCATTCCCT
CGAATGAACAACATGAGCTTCTGACTGCTGCCTCCATCTTTCCTTCTTCTACTCGCCTCCTCAGG

AGTTGAAGCTGGGGCTGGCACTGGGTGAACAGTTTACCCGCCACTGGCAGGCAATCTCGCCCA
CGCAGGAGCATCGGTCGACCTGACCATCTTTTCTCTTCACCTAGCAGGTATCTCATCAATTCTTG
GTGCAATTAATTTTATTACTACCATCATCAACATGAAACCCCCTGCTATCTCCCAGTACCAAACTC
CCCTGTTCGTTTGGGCCGTTCTTATCACGGCTGTTCTTCTTCTTTTATCCCTACCAGTTCTTGCTG
CCGGAATTACAATACTCCTTACCGATCGTAACCTGAACACTACCTTCTTTGACCCAGCTGGGGG
AGGGGACCCAATTCTTTACCAAC

真鲷属 *Pagrus* Plumier, 1802

>>> **真鲷** *Pagrus major*（Temminck & Schlegel, 1843）

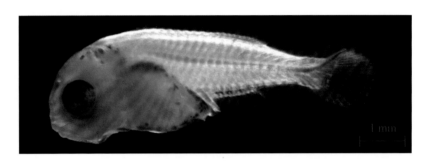

标本号：FCZ10；采集时间：2014-01-15；
采集海域：企沙海域，361渔区，21.417°N，108.269°E

中文别名：七星立、红立

英文名：Red seabream

形态特征：

该标本为全长7.32 mm、体长6.21 mm的真鲷仔鱼，处于弯曲期，身体纺锤形。头长为体长的28.82%，头高为体长的34.10%；体高为体长的27.55%。口前位，吻短，吻长为头长的16.20%；口裂达眼前部下方。眼大，圆形，眼径为头长的50.00%。腹囊上缘黑色素沉淀为块状，下缘至肛门前分布有辐射状黑色素斑。肛门位于身体后部，肛前距为体长的61.44%。臀鳍基底上方具一列条状黑色素斑。肌节可计数，为8+13。

保存方式：甲醛

DNA条形码序列：

GCCTTAAGCCTGCTCATCCGAGCTGAGCTTAGCCAGCCCGGGGCTCTCCTAGGCGACGAC
CAGATTTATAATGTAATTGTTACAGCACACGCATTTGTAATAATTTTCTTTATAGTAATGCCAATTA
TGATTGGGGGCTTTGGAAACTGATTAATTCCACTTATAATTGGTGCCCCTGATATGGCCTTCCCC
CGAATGAACAACATAAGCTTCTGACTACTCCCCCCATCTTTCCTTCTTCTACTCGCTTCCTCCGG
GGTTGAAGCCGGGGCTGGCACTGGGTGAACAGTTTATCCACCACTGGCGGGTAATCTTGCCCA
TGCAGGAGCATCAGTCGACCTAACCATCTTTTCTCTTCACTTAGCGGGTATTTCATCAATTCTTG
GTGCAATTAACTTTATTACTACCATCATCAATATGAAACCCCCTGCTATTTCCCAGTATCAGACCC
CCTTGTTCGTATGGGCCGTTCTTATTACCGCTGTCCTTCTTCTTTATCCCTGCCAGTTCTTGCTG
CAGGGATTACAATGCTCCTAACCGATCGTAATCTAAACACTACCTTCTTTGACCCACCTGAAGG
AGGAAACCCAATTCTTTATCAAC

石首鱼科 Sciaenidae

黄姑鱼属 _Nibea_ Jordan & Thompson, 1911

>>> 黄姑鱼 _Nibea albiflora_（Richardson, 1846）

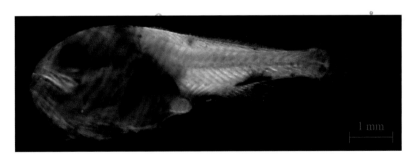

标本号：XWZ216；采集时间：2013-04-18；
采集海域：徐闻角尾海域，418渔区，20.225° N，109.994° E

中文别名：黄姑子、花蜮鱼、黄婆鸡

英文名：Yellow drum

形态特征：

该标本为全长8.42 mm、体长7.02 mm的黄姑鱼仔鱼，处于弯曲后期，身体纺锤形，侧扁。头大，头长为体长的35.37%；体高为体长的31.14%。口斜位，口裂达眼中部下方，下颌略长于上颌，吻长为头长的22.14%；眼大，圆形，眼径为头长的31.84%。腹囊三角形，中上部呈黑色，下部具浅黑色素块；肛门开口于体外，位于身体中部略靠后，肛前距为体长的54.14%。背鳍鳍棘开始发育，鳍条可计数，为26条。背鳍基底上具1个浅色色素斑。臀鳍鳍条可计数，为9条，基底上方具1个大型辐射状黑色素斑。尾柄前方具1个点状黑色素斑。尾鳍楔形。肌节可计数，为7+17。

保存方式：甲醛

DNA条形码序列：

GCCCTGAGTCTACTAATCCGAGCAGAACTAAGTCAACCCGGCTCCCTCCTTGGGGACGAC
CAAGTTTATAACGTAATTGTTACGGCACATGCATTCGTCATAATTTTCTTTATGGTCATGCCCGTC
ATGATCGGAGGCTTCGGAAACTGGCTCGTACCCCTAATGATTGGGGCGCCCGACATAGCATTTC
CTCGAATAAATAACATAAGCTTCTGGCTCCTCCCCCCCTCCTTCCTCCTCCTGCTTACTTCCTCA
GGCGTTGAAGCGGGGGCCGGAACCGGGTGAACAGTATACCCCCCACTTGCTAGCAATCTGGCC
CACGCAGGGGCCTCCGTCGATCTAGCCATCTTCTCCCTCCACCTCGCAGGGGTTTCCTCTATTCT
AGGGGCCATTAACTTTATTACAACCATTATTAACATAAAACCCCCTGCCATCACGCAATACCAGA
CGCCTCTGTTTGTATGAGCTGTCCTAATTACAGCAGTTCTCCTGCTCCTCTCCCTCCCTGTCTTA
GCCGCCGGTATTACAATGCTTTTAACAGACCGCAACCTAAATACAACCTTTTTTGACCCTGCTG
GCGGAGGTGACCCCATTCTCTATCAAC

牙鰔属 *Otolithes* Oken, 1817

>>> **红牙鰔** *Otolithes ruber*（Bloch & Schneider, 1801）

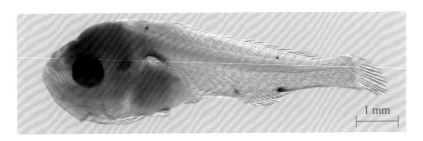

标本号：XWZ122；采集时间：2013-10-13；

采集海域：徐闻角尾海域，418渔区，20.225° N，109.994° E

中文别名：三牙

英文名：Tigertooth croaker

形态特征：

该标本为全长8.29 mm、体长7.37 mm的红牙鰔仔鱼，处于弯曲期，身体纺锤形，略修长。头大，头长为体长的30.06%；体高为体长的28.39%。口斜位，口裂达眼前部下方。吻钝，吻长为头长的31.24%。眼大，圆形，眼径为头长的38.19%；眼后方具1个大型色素斑。腹囊三角形，底部具1个浅黑色素斑；鱼鳔可见，上缘呈黑色。肛门位于身体中部，肛前距为体长的49.69%。背鳍鳍棘10枚，鳍条28条，背鳍基底下方具1个点状黑色素斑。臀鳍可见鳍棘2枚、鳍条8条，臀鳍末上方具1个黑色素斑；尾鳍楔形。肌节可计数，为6/7+16/17。

保存方式：甲醛

DNA条形码序列：

GCCTTAAGCCTCCTAATCCGAGCAGAGCTAAGTCAGCCCGGCTCCCTCCTCGGAGACGAT
CAAATTTTTAACGTGATTGTCACAGCCCATGCTTTCGTAATAATTTTCTTTATAGTAATACCGGTT
ATGATTGGAGGGTTCGGAAATTGATTAGTGCCCTTAATAATTGGGGCCCCTGACATAGCATTTCC

CCGAATAAATAATATAAGCTTCTGACTCCTCCCCCCTTCCTTCCTCCTACTCCTCACCTCCTCAG

GGGTCGAAGCAGGGGCCGGGACGGGTTGAACAGTCTATCCCCCGCTCGCGGGCAATCTCGCAC

ACGCGGGGGCCTCTGTCGACTTAGCCATCTTCTCCCTACACCTTGCAGGGGTCTCCTCAATCTT

AGGGGCCATTAACTTTATTACAACAATTATTAATATAAAACCACCTGCAATCTCCCAGTACCAAA

CACCTTTATTTGTATGAGCTGTTTTAATTACAGCAGTGCTCCTTCTACTTTCACTCCCGGTCCTAG

CTGCAGGAATCACAATACTTCTGACAGACCGTAACCTTAATACAACCTTTTTTGATCCGGCAGG

CGGGGGAGACCCTATCCTATACCAAC

白姑鱼属 *Pennahia* Fowler, 1926

>>> 白姑鱼 *Pennahia argentata*（Houttuyn, 1782）

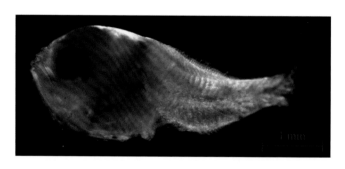

标本号：GDYH632；采集时间：2017-04-08；
采集海域：珠江口外围海域，400渔区，20.833° N，114.067° E

中文别名：地瓜

英文名：Silver croaker

形态特征：

该标本为全长4.74 mm、体长4.35 mm的白姑鱼仔鱼，处于弯曲期，身体纺锤形。头大，头长为体长的33.00%，头高为体长的42.00%。口斜位，口裂达眼前部下方，上、下颌约等长；吻钝，吻长为头长的32.13%。眼大，圆形，眼径为头长的43.62%。腹囊三角形，中上部具1个线状黑色素斑。肛门位于身体前部，肛前距为体长的45.19%。背鳍鳍褶退化，背鳍基底明显，丝状鳍条发育中。臀鳍基底已发育，前部出现丝状鳍条，可计数6条。肌节可计数，为5+20。

保存方式：甲醛

DNA条形码序列：

GCCCTGAGTCTTCTAATCCGGGCAGAACTAAGCCAACCCGGTTCCCTTCTCGGGGACGAT
CAGATTTATAACGTCATCGTCACAGCCCATGCCTTTGTCATGATTTTCTTTATAGTAATGCCCGTT
ATGATCGGAGGTTTTGGGAACTGACTTATCCCCTTAATAATCGGTGCCCCCGACATAGCATTCCC
CCGAATAAACAATATGAGTTTCTGACTTCTTCCCCCTTCCTTCCTTCTTCTCCTAACTTCTTCAGG
TGTTGAAGCGGGAGCTGGAACAGGATGAACAGTCTACCCCCCACTCGCTGGAAACCTCGCAC
ATGCAGGAGCCTCCGTCGACTGGCCATCTTCTCCCTACACCTCGCAGGTGTCTCTTCTATTCTG
GGGGCTATCAACTTTATTACAACAATTATCAACATAAAACCCCCTGCCATTTCTCAGTATCAGAC
ACCCTTATTTGTGTGGGCCGTCCTGATTACAGCAGTTCTACTACTACTATCACTACCCGTGCTAG
CTGCTGGCATTACAATACTTTTAACTGATCGTAACCTAAACACAACCTTCTTCGACCCGGCAGG
CGGGGGAGATCCAATTCTTTACCAGC

>>> 大头白姑鱼 *Pennahia macrocephalus*（Tang, 1937）

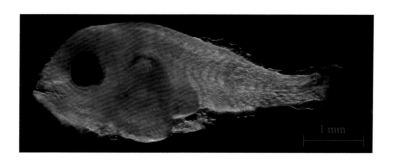

标本号：BBWZ99；采集时间：2013–11–15；
采集海域：北部湾海域，488渔区，18.762°N，107.243°E

中文别名：大头地瓜

英文名：Big-head pennah croaker

形态特征：

该标本为全长5.13 mm、体长4.77 mm的大头白姑鱼仔鱼，处于弯曲期，身体纺锤形，侧扁。头大，头长为体长的32.63%，头高为体长的35.89%；体高为体长的40.33%。口斜位，口裂达眼前部下方，下颌长于上颌，吻长为头长的38.50%。眼大，圆形，眼径为头长的37.08%；腹囊桃形，肛门位于身体中部靠后，肛前距为体长的57.83%。背鳍鳍褶退化中，鳍基底开始发育，背鳍鳍条胚芽开始出现。臀鳍鳍膜退化中，臀鳍基底尚未发育，第九至第十肌节下方具1个黑色素斑。肌节可计数，为10+14。

保存方式：甲醛

DNA条形码序列：

GCCCTCAGTCTTCTTATCCGAGCAGAGCTAAGCCAACCCGGCTCCCTCCTCGGAGATGAC
CAAATTTTTAACGTAATTGTCACAGCCCATGCCTTCGTCATAATTTTCTTTATAGTAATGCCCGTT
ATGATCGGAGGATTCGGGAACTGACTTATTCCCCTAATAATTGGCGCCCCCGATATGGCATTCCC
CCGAATGAACAACATGAGCTTCTGACTTCTACCCCCCTCCTTCCTACTACTCCTAACTTCTTCAG
GAGTTGAAGCAGGAGCCGGAACGGGGTGAACAGTTTATCCCCCACTCGCCGGAAACCTCGCA
CACGCAGGGGCCTCTGTCGACTTAGCCATCTTCTCCCTACACCTCGCTGGTGTCTCTTCTATTTT
AGGGGCCATCAACTTTATTACAACAATTATCAACATAAAACCCCCTGCCATCTCTCAATACCAGA
CACCTCTATTTGTGTGAGCTGTTCTGATTACAGCAGTCCTCCTGCTACTTTCACTTCCTGTCCTA
GCTGCCGGCATTACAATACTTTTAACAGACCGTAATCTAAACACAACCTTCTTTGACCCCGCAG
GAGGGGGCGACCCCATCCTTTATCAAC

羊鱼科 Mullidae

绯鲤属 *Upeneus* Cuvier, 1829

>>> 日本绯鲤 *Upeneus japonicus*（Houttuyn, 1782）

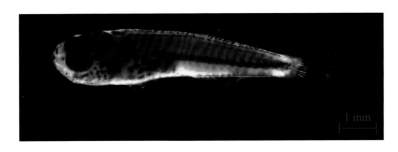

标本号：GDYH240；采集时间：2015-05-07；

采集海域：文昌外海，472渔区，19.406° N，112.727° E

中文别名：红手指

英文名：Japanese goatfish

形态特征：

　　该标本为全长8.72 mm、体长7.28 mm的日本绯鲤稚鱼，身体修长。头中等大，头长为体长的28.82%；体高为体长的22.61%。口斜位，口裂达眼中部下方，下颌和上颌约等长；吻钝，吻长为头长的18.02%。吻端上、下颌各具2个浓黑色素斑，眼前缘具1个大的黑色素斑。眼大，圆形，眼径为头长的44.18%。鳃盖骨分布有数个黑色素斑，颅顶具数个块状黑色素斑。体背部沿着背鳍鳍条基线两侧具有2列黑色素斑。体中轴具浓密的黑色素斑。腹囊长圆形，其上具11～13个大型黑色素斑。肛门位于身体中后部，肛前距为体长的58.30%。臀鳍鳍条可计数，为9条，基底上数个点状黑色素斑连成线状。尾鳍外缘开始分叉，肌节可计数，为9+16。

保存方式：甲醛

DNA条形码序列：

GCTTTAAGCCTCCTCATTCGTGCCGAATTAGCCCAACCTGGGGCTCTCCTGGGCGACGAC
CAGATTTATAATGTAATCGTCACAGCTCACGCCTTTGTAATAATTTTCTTCATGGTAATGCCTATC
ATGATTGGAGGGTTTGGCAACTGACTCATCCCCCTAATGATCGGCGCACCGGACATGGCTTTCC
CTCGTATGAACAATATGAGCTTCTGACTGCTCCCCCCTTCTTTCCTTCTACTACTTGCCTCCTCAG
GCGTCGAAGCAGGGGCTGGTACAGGTTGAACTGTCTACCCTCCTCTAGCAGGTAACCTCGCGC
ACGCCGGGGCTTCCGTTGACCTCACTATTTTCTCCCTACATCTAGCCGGAATTTCCTCTATCCTC
GGGGCCATTAACTTTATTACAACAATTATCAATATGAAGCCTCCAGCAATCTCACAATATCAAAC
GCCTCTCTTTGTTTGAGCTGTCCTAATTACAGCAGTTCTTCTCCTTCTCTCCCTACCAGTTCTTGC
TGCCGGGATCACGATGCTACTTACAGACCGCAACCTAAATACAACCTTCTTCGACCCAGCCGGC
GGAGGAGACCCCATCCTTTATCAAC

>>> 珠绯鲤 *Upeneus margarethae* Uiblein & Heemstra, 2010

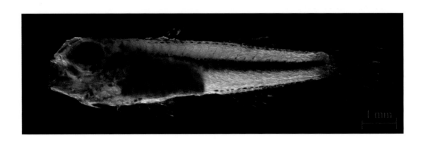

标本号：BBWZ27；采集时间：2013-11-02；

采集海域：北海海域，362渔区，21.003°N，108.706°E

中文别名：红手指

英文名：Margaretha's goatfish

形态特征：

该标本为全长10.08 mm、体长8.44 mm的珠绯鲤稚鱼，身体修长，稍侧扁。头中等大，头长为体长的25.39%，头高与体高相近；体高为体长的22.40%。口斜位，口裂达眼前部下方，下颌和上颌约等长；吻略尖，吻长为头长的30.24%。眼大，圆形，眼径为头长的49.23%。鳃盖骨边缘具数个点状黑色素斑。颅顶上方具数个梅花状黑色素斑，连成片状。体中轴线被黑色素横带所覆盖。腹囊长圆形，呈暗黑色，前部下方具3～5个点状黑色素斑。肛门位于身体中后部，肛前距为体长的55.60%。背鳍具2枚强棘，基底体背部具连续点状黑色素斑排列成线，第一背鳍起点至吻端距离为体长的31.64%。臀鳍鳍条6条，基底上方至尾柄具19/20个线状黑色素斑，排成一列。尾鳍截形，肌节可计数，为10+13。

保存方式：甲醛

DNA条形码序列：

GCTTTAAGCCTCCTCATCCGTGCCGAACTAGCCCAACCTGGGGCTCTCCTGGGCGACGAC
CAGATCTATAACGTAATCGTCACAGCCCATGCCTTTGTAATAATCTTCTTCATGGTAATGCCAATC
ATGATCGGTGGATTCGGCAACTGACTTATCCCCCTAATGATTGGTGCCCCAGACATGGCCTTCCC
TCGTATGAACAATATGAGCTTCTGGCTACTCCCTCCTTCTTTCCTTCTGCTGCTTGCCTCCTCAG
GCGTCGAAGCAGGGGCTGGTACGGGTTGAACTGTCTACCCTCCTTTAGCAGGCAACCTTGCAC
ACGCGGGGGCCTCAGTTGACCTCACTATTTTCTCCCTGCATTTAGCCGGGATTTCTTCTATCCTG
GGGGCCATTAATTTTATTACAACAATTATCAACATGAAACCTCCAGCAATCTCGCAATACCAAAC
ACCTCTGTTTGTTTGAGCCGTTCTAATTACCGCTGTACTACTCCTTCTTTCCCTACCAGTCCTTGC
TGCCGGGATCACTATGCTGCTCACAGATCGAAATCTAAATACAACTTTCTTTGACCCAGCAGGT
GGAGGAGACCCAATCCTTTACCAAC

>>> **黑斑绯鲤** *Upeneus tragula* Richardson, 1846

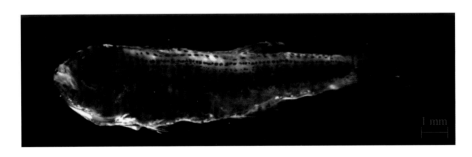

标本号：BBWZ190；采集时间：2013-11-06；
采集海域：北部湾海域，443渔区，19.754° N，108.431° E

中文别名：黑手指、三须

英文名：Freckled goatfish

形态特征：

该标本为全长13.41 mm、体长11.08 mm的黑斑绯鲤稚鱼，身体修长。头中等大，头长为体长的23.84%，头高为体长的26.66%；体高为体长的26.23%。口斜位，下颌和上颌约等长；吻钝圆，吻长为头长的33.13%。上颌具3个点状浓黑色素斑；下颌具2个点状浓黑色素斑和数个针尖状黑色素斑。眼大，近圆形，眼径为头长的49.11%。颅顶分布有数个菊花状黑色素斑。第一背鳍鳍棘8枚，第二背鳍鳍棘1枚、鳍条8条，第一背鳍起点至吻端距离为体长的32.72%。体中轴线上黑色素密集，呈带状分布。体背部从脑后部至尾鳍基底具2条明显的黑色素带，第二条黑色素带与体中轴之间布满点状黑色素斑。肛门位于身体中后部，肛前距为体长的57.40%。尾鳍叉形，肌节不可计数。

保存方式：甲醛

DNA条形码序列：

GCTTTAAGCCTCCTCATTCGTGCCGAACTAGCCCAACCTGGGGCTCTCCTGGGCGACGAC
CAGATTTATAATGTAATCGTCACAGCCCACGCCTTTGTAATGATTTTCTTCATGGTAATGCCTATC
ATGATCGGAGGATTTGGCAACTGACTTATCCCTCTAATGATTGGTGCACCAGACATGGCCTTCCC
TCGTATGAACAATATGAGCTTCTGGCTACTCCCCCCTTCTTTCCTCCTACTACTCGCCTCCTCAG
GCGTTGAAGCAGGGGCTGGGACAGGTTGAACTGTTTACCCTCCTTTAGCAGGCAACCTTGCAC
ACGCCGGGGCCTCTGTTGATCTCACTATTTTCTCCCTACACCTAGCGGGGATTTCCTCTATTCTA
GGGGCCATCAATTTTATTACAACAATTATCAACATGAAACCTCCAGCAATTTCACAATATCAGAC
ACCTCTATTCGTCTGAGCTGTGCTAATTACGGCTGTCCTTCTCCTTCTTTCCCTACCAGTTCTTGC
TGCGGGGATTACTATGCTGCTTACAGATCGAAATCTGAATACTACCTTCTTCGACCCAGCAGGTG
GAGGGGACCCCATCCTTTACCAAC

>>> **多带绯鲤** *Upeneus vittatus*（Forsskål, 1775）

标本号：BBWZ113；采集时间：2014-01-15；

采集海域：北部湾海域，444渔区，19.734° N，108.981° E

中文别名：红手指

英文名：Yellowstriped goatfish

形态特征：

　　该标本为全长30.29 mm、体长25.41 mm的多带绯鲤稚鱼，身体修长。头中等大，头长为体长的30.09%，头高与体高相近；体高为体长的21.99%。口斜位，口裂达眼中部下方；吻钝圆，吻长为头长的29.23%。眼大，圆形，眼径为头长的30.78%。第一背鳍鳍棘6枚，第二背鳍鳍条10条，第一背鳍起点至吻端距离为体长的36.57%。躯干布满沿着肌间隔排列的大小不一的黑色素斑。腹囊三角形，表面深灰色；肛门位于身体中后部，肛前距为体长的60.18%。腹鳍鳍条5条，臀鳍鳍条7条。尾鳍叉形。肌节不可计数。

保存方式：甲醛

DNA条形码序列：

GCTTTAAGCCTCCTCATCCGTGCCGAACTAGCCCAACCTGGGGCTCTCCTGGGCGACGAC

CAGATCTATAACGTAATCGTCACAGCCCATGCCTTTGTAATAATCTTCTTCATGGTAATGCCAATC

ATGATCGGTGGATTCGGCAACTGACTTATCCCCCTAATGATTGGTGCCCCAGACATGGCCTTCCC

TCGTATGAACAATATGAGCTTCTGGCTACTCCCTCCTTCTTTCCTTCTGCTGCTTGCCTCCTCAG

GCGTCGAAGCAGGGGCTGGTACGGGTTGAACTGTCTACCCTCCTTTAGCAGGCAACCTTGCAC
ACGCGGGGGCCTCAGTTGACCTCACTATTTTCTCCCTGCATTTAGCCGGGGATTTCTTCTATCCTG
GGGGCCATTAATTTTATTACAACAATTATCAACATGAAACCTCCAGCAATCTCGCAATACCAAAC
ACCTCTGTTTGTTTGAGCCGTTCTAATTACCGCTGTACTACTCCTTCTTTCCCTACCAGTCCTTGC
TGCCGGGATCACTATGCTGCTCACAGATCGAAATCTAAATACAACTTTCTTCGACCCAGCAGGT
GGAGGAGACCCAATCCTTTACCAAC

鲉科 Kyphosidae

鲉属 *Kyphosus* Lacepède, 1801

>>> **短鳍鲉** *Kyphosus vaigiensis*（Quoy & Gaimard, 1825）

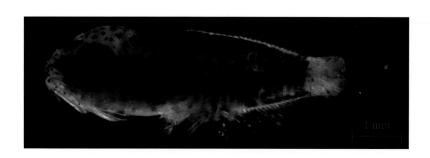

标本号：GDYH169；采集时间：2015-04-23；
采集海域：东沙群岛海域，376渔区，21.097° N，116.083° E

中文别名：白毛、白闷

英文名：Brassy chub

形态特征：

该标本为全长7.29 mm、体长6.08 mm的短鳍鲉仔鱼，处于弯曲期，身体修长。头长为体长的35.78%，头高为体长的30.77%；体高为体长的30.77%。口前位，吻短小，吻长为头长的22.39%；口裂达眼前部下方。眼大，近圆形，眼径为头长的45.19%。肛门位于身体中后部，肛前距为体长的58.62%。背鳍基底长，占体长的39.07%；臀鳍基底占体长的23.58%。上颌和下颌上具点状黑色素斑，脑部和鳃盖骨上具数个辐射状黑色素斑，周身分布众多大型浓密的雪花状辐射黑色素斑。背鳍鳍棘7枚、鳍条17条；臀鳍鳍棘3枚、鳍条12条。肌节已不可见。

保存方式：甲醛

DNA条形码序列：

GCCCTAAGCCTCCTCATTCGAGCAGAACTAAGCCAACCAGGCGCCCTCCTAGGGGACGA
CCAAATTTATAATGTCATTGTTACAGCACATGCCTTTGTAATAATTTTCTTTATAGTAATGCCAATT
ATGATTGGAGGGTTTGGGAACTGACTTATCCCACTTATGATCGGTGCCCCAGATATGGCATTCCC
TCGAATAAATAATATGAGCTTCTGGCTCCTCCCCCCTTCCTTCCTGCTACTTCTCGCCTCCTCCG
GGGTAGAAGCTGGAGCCGGGACCGGCTGAACTGTCTACCCACCTCTCGCTGGAAACCTAGCCC
ACGCAGGAGCCTCCGTTGATCTCACAATCTTCTCCCTTCACTTAGCAGGTGTCTCCTCAATTCTT
GGGGCAATTAATTTTATTACAACCATTATTAACATGAAACCCCCAGCTATTTCCCAATACCAGAC
ACCACTATTTGTATGAGCAGTACTGATTACTGCCGTTCTCCTTCTTCTCTCCCTACCCGTCCTTGC
TGCTGGCATTACTATGCTCCTAACAGACCGAAATCTTAACACCACTTTCTTCGATCCTGCAGGAG
GAGGTGACCCCATCCTCTACCAAC

刺盖鱼科 Pomacanthidae

刺尻鱼属 *Centropyge* Kaup, 1860

>>> **海氏刺尻鱼** *Centropyge heraldi* Woods & Schultz, 1953

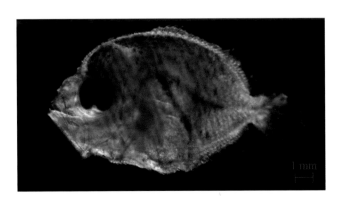

标本号：GDYH47；采集时间：2015-04-17；

采集海域：琼东近海，447渔区，19.917° N，111.750° E

中文别名：黄新娘

英文名：Yellow angelfish

形态特征：

该标本为全长14.66 mm、体长12.29 mm的海氏刺尻鱼仔鱼，处于弯曲期，身体呈扁圆形。体高为体长的64.68%；头长为体长的41.42%，头高为体长的52.76%。吻小，吻长为头长的34.39%，口裂达眼部下方。眼大，近圆形，眼径为头长的43.17%。腹囊呈竖立的钝三角形。侧线呈倒"√"形，从前鳃盖骨后方围绕腹囊向上高度拱起，然后在腹囊右侧弯曲向下到达尾柄处。肛门位于身体后部，肛前距为体长的62.36%。背鳍鳍棘16枚，软鳍条11条；背鳍起点至吻端距离为体长的46.36%。眼上方的脑部分布数个梅花状辐射黑色素斑，脑部后方到背鳍鳍棘前方的辐射状黑色素斑略小。腹囊右缘的黑色素密集，呈带状，其后面的侧线弯曲部下方的6个肌节上黑色素连接成带状。臀鳍鳍棘、鳍条可计数，为鳍棘3枚、鳍条16条；尾柄明显短小，尾鳍外缘呈扇形。肛后肌节可计数，为11。

保存方式：甲醛

DNA条形码序列：

GCTTTAAGCCTACTAATTCGAGCAGAACTTAATCAGCCAGGGAGCCTCCTAGGCGATGAC
CAAATTTATAATGTAATCGTAACAGCACATGCATTTGTTATAATTTTCTTTATAGTTATACCCGCTA
TAATCGGGGGATTCGGAAACTGGCTGATCCCTCTGATAATCGGAGCCCCAGATATGGCATTTCCT
CGAATGAACAACATGAGCTTTTGGCTCCTCCCCCCCTCCCTTCTGCTTCTCCTCGCATCTGCAG
GGGTAGAAGCCGGGGCCGGGACTGGCTGAACAGTCTACCCCCCACTAGCCGGTAATCTTGCCC
ATGCGGGGGCATCCGTGGATCTGACTATTTTTTCCCTCCATCTAGCAGGGGTCTCCTCAATTTTA
GGGGCTATCAACTTTATTACCACCATCATTAACATGAAACCCCCAGCTATTTCTCAATACCAAAC
ACCACTCTTCGTCTGAGCAGTATTAATTACTGCCGTCCTCCTGCTTCTTTCCCTCCCAGTCCTTG
CTGCAGGGATTACAATACTCCTCACAGACCGGAATCTAAACACCACCTTCTTCGACCCTGCAGG
AGGAGGAGATCCAATTCTCTACCAAC

鯻科 Terapontidae

牙鯻属 *Pelates* Cuvier, 1829

>>> **四带牙鯻** *Pelates quadrilineatus*（Bloch, 1790）

标本号：XWZ46；采集时间：2013-09-25；

采集海域：徐闻角尾海域，418渔区，20.225°N，109.994°E

中文别名：四线鸡鱼

英文名：Fourlined terapon

形态特征：

该标本为全长11.51 mm、体长9.71 mm的四带牙鯻稚鱼，身体侧扁，延长。头长为体长的28.02%，头高为体长的22.37%；体高为体长的19.59%。口前位，吻长为头长的31.40%；口裂达眼前部下方。眼中等大，圆形，眼径为头长的39.99%。眼后方和鳃盖骨上具3个黑色素斑，头顶部具十几个辐射状黑色素斑，体中轴前方具3个浅色点状黑色素斑。腹囊半椭圆形，腹囊上方黑色素密集，连成斑块状。肛门位于身体中后部，肛前距为体长的55.91%。背鳍鳍棘12枚、鳍条9条，背鳍鳍条后方至尾柄处具4个点状黑色素斑。背鳍起点与腹鳍起点位置相近，第一背鳍起点至吻端距离为体长的33.30%。臀鳍鳍棘3枚、鳍条12条。肌节可计数，为9+14。

保存方式：甲醛

DNA条形码序列：

GCCCTAAGCCTGCTTATTCGAGCAGAACTAAGCCAGCCTGGCGCTCTCCTCGGAGATGAC

CAAATTTATAACGTAATTGTAACAGCACATGCTTTCGTAATAATTTTCTTTATAGTAATGCCAATC
ATGATTGGAGGCTTCGGAAACTGACTTATCCCATTAATGATTGGAGCCCCCGACATGGCATTCCC
TCGAATGAACAATATGAGCTTCTGACTCCTCCCTCCCTCCTTCCTTCTTCTCCTTGCTTCCTCCG
GAGTAGAAGCCGGGGCAGGTACCGGCTGAACCGTGTACCCCCCGCTTGCCGGAAACTTGGCT
CACGCCGGGGCATCTGTAGACCTAACTATTTTCTCCCTGCACTTAGCTGGTGTGTCCTCTATCCT
AGGGGCTATTAACTTTATTACAACTATTATTAACATGAAACCCCCTGCCATCTCCCAATATCAGAC
TCCCCTTTTCGTTTGAGCCGTGCTCATTACAGCCGTCCTTCTGCTTCTCTCTCTACCGGTTCTTG
CCGCTGGGATTACAATGCTTTTAACCGACCGAAACCTAAATACTACCTTCTTCGACCCTGCAGG
GGGAGGAGATCCAATTCTCTATCAAC

鲗属 *Terapon* Cuvier, 1816

>>> **细鳞鲗** *Terapon jarbua*（Forsskål, 1775）

标本号：XWZ49；采集时间：2013-09-25；

采集海域：徐闻角尾海域，418渔区，20.225°N，109.994°E

中文别名：鸡鱼、鸡仔

英文名：Jarbua terapon

形态特征：

该标本为全长12.68 mm、体长10.38 mm的细鳞鲗稚鱼，身体纺锤形。头长为体长的35.64%，头高为体长的30.40%；体高为体长的28.52%。口前位，口裂达眼前部下方，吻长为头长的33.15%。眼大，圆形，眼径为头长的40.53%。脑部具数个黑色素斑。肛门上方的体中轴上至尾柄处，具4/5行浓密的点状黑色素斑。背鳍鳍棘上开始有点状黑色素聚集成大型斑块，背鳍基线上沿着基底具20个点状黑色素斑。从第6个背鳍鳍棘开始到第2个背鳍鳍条的肌节上，沿着肌间隔开始出现黑色素。从腹鳍后开始沿着腹线和鳍基底分布一列黑色素斑，约26个。臀鳍鳍棘上方出现10个黑色素斑，排成一列。肛门位于体后部，肛前距为体长的66.04%。臀鳍鳍棘3枚、鳍条9条。肌节可计数，为10+（10～12）。

保存方式：甲醛

DNA条形码序列：

GCTCTGAGCCTGCTTATCCGAGCAGAATTAAGCCAACCCGGCGCTCTCCTAGGGGACGAC
CAAATCTACAATGTAATTGTTACGGCACACGCCTTTGTAATAATTTTCTTTATGGTTATACCAATC
ATGATTGGAGGCTTTGGCAACTGACTTATCCCCCTAATGATTGGCGCCCCTGATATGGCATTCCC
TCGTATGAATAACATGAGCTTCTGACTCCTCCCTCCCTCTTTCCTTCTCCTGCTCGCCTCCTCTG
GAGTAGAAGCCGGGGCTGGAACTGGTTGAACTGTCTACCCACCTCTCGCTGGTAACTTAGCCC
ATGCCGGAGCATCCGTAGACTTAACAATTTTCTCCCTTCATCTAGCCGGGGTATCCTCAATTTTA
GGTGCTATCAACTTCATCACAACTATTATTAACATGAAACCTCCCGCTATCTCACAATATCAAAC
CCCTCTGTTTGTTTGAGCCGTACTAATCACCGCCGTGCTTCTTCTCCTTTCCCTCCCAGTCCTCG
CTGCCGGGATCACAATGCTTCTGACAGACCGAAATTTAAATACTACCTTCTTTGACCCTGCCGG
AGGAGGTGACCCCATCCTGTACCAAC

>>> **条纹鯻** *Terapon theraps* Cuvier, 1829

标本号：BBWZ62；采集时间：2013-11-04；
采集海域：北部湾海域，417渔区，20.488°N，109.223°E

中文别名：鸡鱼、鸡仔

英文名：Large scaled terapon

形态特征：

该标本为全长12.89 mm、体长10.64 mm的条纹鯻稚鱼，身体梭形。头长为体长的35.49%，头高为体长的25.89%；体高为体长的27.98%。口前位，口裂达眼前部，吻长为头长的32.35%。眼中等大，圆形，眼径为头长的35.89%。颊部及鳃盖上具11/12个小黑斑。背鳍鳍棘10枚、鳍条11条，第一背鳍起点至吻端距离为体长的42.38%。颅顶部分布数个梅花状黑色素斑，其向前至吻前端密布星状黑色素斑。腹囊近三角形，其上分布有数个星状黑色素斑。前鳃盖棘7枚，肛门位于身体后部，肛前距为体长的62.64%。躯干密布星状黑色素斑，从肛门开始到尾柄处的黑色素沿着肌间隔分布。臀鳍鳍棘3枚、鳍条7条。肛前肌节已不可计数，肛后肌节可计数，为12。

保存方式：甲醛

DNA条形码序列：

GCTTTAAGCCTACTAATTCGAGCAGAACTAAGCCAGCCTGGCGCTCTCCTCGGAGATGAC
CAAATTTATAATGTAATTGTTACAGCCCATGCCTTTGTAATAATTTTCTTTATAGTAATGCCAATTA
TGATCGGAGGCTTTGGGAACTGACTAATTCCACTAATGATCGGGGCCCCCGACATGGCATTCCC
ACGAATGAATAACATGAGCTTCTGACTCCTCCCTCCCTCATTCCTTCTTCTCCTAGCTTCTTCAG
GAGTCGAAGCAGGTGCAGGAACCGGCTGAACTGTTTATCCCCCTCTTGCCGGTAACTTAGCCC
ACGCTGGAGCATCTGTAGACCTAACCATCTTCTCCCTCCATCTAGCTGGGGTATCATCTATTCTT
GGGGCAATTAATTTCATTACCACGATCATTAATATGAAACCACCCGCTATTTCTCAATATCAAAC
CCCTCTATTTGTTTGAGCTGTGCTCATCACAGCAGTTTTACTTCTCCTCTCTCTTCCAGTCCTCGC
CGCCGGAATTACAATGCTCCTTACGGACCGAAATTTAAATACTACCTTCTTTGATCCAGCAGGCG
GAGGGGATCCCATCCTCTACCAAC

雀鲷科 Pomacentridae

豆娘鱼属 *Abudefduf* Forsskål, 1775

>>> 六线豆娘鱼 *Abudefduf sexfasciatus*（Lacepède, 1801）

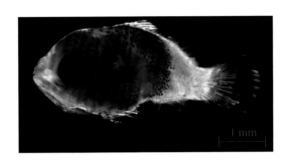

标本号：GDYH28；采集时间：2015–04–17；

采集海域：文昌外海，470渔区，19.250°N，111.750°E

中文别名：豆娘

英文名：Scissortail sergeant

形态特征：

该标本为全长4.94 mm、体长4.05 mm的六线豆娘鱼稚鱼，身体扁圆。头大，头长为体长的49.48%，头高为体长的48.30%；体高为体长的42.01%。口前位，吻部短小，口裂至眼前部下方，吻长为头长的27.17%。眼大，近圆形，眼径为头长的39.58%。颅顶部具52～55个大小不一的点状黑色素斑。腹囊大，近圆形，其上遍布点状黑色素斑。肛门位于身体后部，肛前距为体长的63.10%。背鳍位于身体中部，呈黄褐色，背鳍鳍条可计数，为6枚，背鳍起点至吻端距离为体长的43.04%。躯干前半部分具密集的辐射状黑色素斑。肌节不可计数。

DNA条形码序列：

GCCCTGAGCCTCCTAATTCGAGCAGAACTTAGCCAACCAGGCGCTCTCCTCGGAGACGAC
CAAATTTACAACGTAATTGTTACGGCACATGCCTTTGTAATAATTTTCTTTATAGTAATACCAATTA

TGATCGGAGGGTTTGGAAACTGACTAATTCCACTAATGATCGGTGCCCCCGATATGGCATTCCCC
CGAATGAACAATATGAGCTTCTGACTCCTCCCTCCATCGTTCTTACTTCTTCTTGCCTCCTCCGG
AGTTGAAGCAGGTGCAGGAACAGGCTGAACTGTTTATCCACCACTATCAGGCAACCTAGCTCA
CGCAGGAGCATCTGTTGACTTAACTATTTTCTCCCTTCACTTAGCAGGTGTATCCTCAATTTTAG
GAGCCATTAATTTTATTACTACTATTATTAACATGAAACCTCCTGCTATTTCTCAATACCAGACTC
CTCTTTTCGTATGAGCCGTACTCATCACGGCCGTGCTTCTTCTTCTGTCCCTTCCTGTTCTAGCCG
CTGGAATTACAATACTTCTAACGGACCGAAACTTAAATACCACATTCTTCGATCCAGCTGGAGG
AGGAGATCCTATTCTCTACCAAC

光鳃鱼属 *Chromis* Plumier, 1801

>>> 韦氏光鳃鱼 *Chromis weberi* Fowler & Bean, 1928

标本号：GDYH211；采集时间：2015-04-27；
采集海域：文昌外海，471渔区，19.225°N，112.392°E

中文别名：黄绿魔

英文名：Weber's chromis

形态特征：

该标本为全长17.50 mm、体长13.60 mm的韦氏光鳃鱼稚鱼，身体修长，呈长梭形。头中等大，头长为体长的36.76%，头高为体长的32.35%；体高为体长的36.03%。口前位，口裂至眼前部下方，吻部正常、短小，上颌边缘具6个点状黑色素斑，吻长为头长的31.60%。眼大，近圆形，眼径为头长的36.80%。腹囊三角形，呈黑色，肛门开口于身体中后部，肛前距为体长的59.85%。背鳍鳍棘12枚、鳍条10～12条，第一背鳍起点至吻端距离为体长的41.91%。周身布满小点状黑色素斑。各鳍颜色较浅，臀鳍鳍棘3枚、鳍条11条，尾鳍呈叉形。肌节不可计数。

保存方式：甲醛

DNA条形码序列：

GCATTAAGCCTCCTCATTCGAGCGGAACTTAGCCAACCAGGCGCTCTCCTCGGAGACGAC
CAAATTTACAACGTCATCGTTACGGCGCACGCCTTTGTAATAATTTTCTTTATAGTAATACCAATT
ATGATCGGAGGGTTCGGAAACTGACTCATCCCTCTCATGATCGGGGCCCCCGATATGGCATTCC
CTCGAATAAACAACATGAGCTTCTGACTCCTGCCTCCCTCATTCCTTCTCCTGCTTGCCTCCTCT
GGCGTTGAAGCAGGGGCAGGCACGGGATGAACTGTATACCCCCCTCTGTCAGGAAACTTAGCA
CATGCGGGGGCCTCCGTAGATTTAACCATCTTCTCCCTCCACCTGGCAGGTATTTCCTCAATTCT
TGGGGCTATCAACTTTATTACTACTATTATTAACATGAAACCCCTGCCATCTCTCAATATCAGAC
TCCCCTATTTGTGTGAGCTGTACTCATCACCGCCGTTCTCCTGCTCCTTTCTCTCCCAGTCTTAGC
TGCCGGCATCACCATGCTCCTTACCGATCGAAACTTAAACACCACATTCTTTGACCCTGCAGGA
GGAGGGGACCCAATCCTTTACCAAC

雀鲷属 *Pomacentrus* Lacepède, 1802

>>> **霓虹雀鲷** *Pomacentrus coelestis* Jordan & Starks, 1901

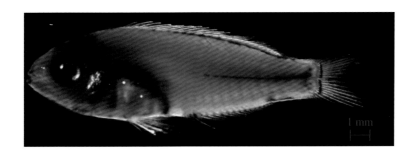

标本号：GDYH351；采集时间：2015-09-18；
采集海域：东沙群岛海域，376渔区，21.294° N, 116.458° E

中文别名：电光魔

英文名：Neon damselfish

形态特征：

该标本为全长18.04 mm、体长14.42 mm的霓虹雀鲷仔鱼，处于弯曲期，身体修长，呈长梭形。头略小，头长为体长的24.83%，头高为体长的25.38%；体高为体长的31.90%。口前位，口裂至眼前部下方，吻部正常、短小，吻长为头长的32.40%；眼中等大，圆形，眼径为头长的51.96%。腹囊三角形，上缘呈黑色，下方呈青灰色。肛门开口于身体中部略靠后，肛前距为体长的54.51%。背鳍鳍棘12枚、鳍条14条。背鳍基底有数个点状黑色素斑，连成黑色素带。第一背鳍起点至吻端距离为体长的34.26%。体中轴后至尾鳍基底处有1条黑色素带延伸至尾鳍。臀鳍基底具2个黑色素斑，臀鳍鳍棘3枚、鳍条14条；尾鳍基底有2个条形黑色素斑，尾鳍叉形。肌节可计数，为8+15。

保存方式：甲醛

DNA条形码序列：

GCCTTAAGCCTTCTTATTCGGGCAGAACTAAGCCAACCCGGCGCACTCCTAGGAGACGAC
CAAATTTATAACGTTATTGTTACCGCACATGCCTTTGTAATGATTTTCTTTATAGTAATGCCAATTC
TAATTGGAGGGTTTGGGAACTGATTAGTTCCCCTTATGCTCGGCGCCCCTGATATGGCATTCCCA
CGAATGAACAACATGAGCTTCTGACTACTCCCCCCATCCTTCCTTCTTCTGCTTGCTTCTTCTGG
AGTTGAGGCAGGGGCCGGGACAGGTTGAACCGTGTACCCCCCACTGTCTGGAAATTTAGCCCA
CGCGGGAGCATCCGTAGACCTAACCATCTTCTCTCTTCACCTAGCAGGTGTTTCATCAATTTTAG
GGGCAATTAACTTCATTACCACCATTATTAACATGAAACCGCCCGCCATCTCACAATACCAAAC
TCCTCTATTTGTGTGAGCCGTCCTAATTACTGCTGTGCTCCTTCTTCTTTCCCTTCCAGTCTTAGC
TGCTGGTATCACCATGCTATTGACTGACCGAAATCTCAACACCACGTTCTTCGACCCTGCAGGA
GGAGGAGACCCAATTCTGTACCAAC

隆头鱼科 Labridae

紫胸鱼属 *Stethojulis* Günther, 1861

>>> **断纹紫胸鱼** *Stethojulis terina* Jordan & Snyder, 1902

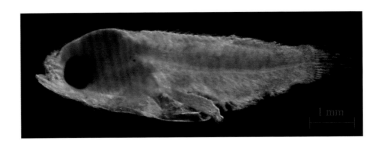

标本号：GDYH178；采集时间：2015-04-24；

采集海域：珠江口外海，346渔区，21.750° N，114.750° E

中文别名：断纹龙

英文名：暂无

形态特征：

该标本为全长7.13 mm、体长6.22 mm的断纹紫胸鱼稚鱼，身体侧扁。头长为体长的36.08%，头高为体长的27.97%；体高为体长的27.14%。口裂小，至眼中部下方。口上位，下颌略长于上颌；吻短、钝尖，吻长为头长的27.15%。眼中等大，近圆形，眼径为头长的35.27%。背鳍起点至吻端距离为体长的44.47%。鳃盖骨中后方有5个点状黑色素斑。腹囊长椭圆形，肠道带状，肛门位于身体后部，肛前距为体长的66.99%。肌节可计数，为10+14。

保存方式：甲醛

DNA条形码序列：

GCTTTAAGCCTACTGATTCGAGCCGAACTCAGTCAACCCGGAGCCCTTCTTGGGGATGAT
CAAATCTATAATGTAATTGTTACAGCACATGCATTCGTAATGATTTTCTTTATAGTAATACCAATTA

TGATTGGTGGATTCGGAAACTGGCTAATTCCACTAATGATCGGAGCACCCGACATGGCTTTTCC
TCGAATGAACAACATAAGCTTTTGACTCCTCCCTCCCTCCTTCCTTCTCCTGCTTGCCTCTTCCG
GTGTAGAGGCGGGGGCTGGTACCGGATGAACGGTGTACCCTCCCCTATCAGGAAATCTTGCCC
ACGCAGGAGCATCCGTTGATTTAACTATCTTCTCCCTCCATCTGGCAGGAATTTCCTCAATTCTA
GGAGCAATTAACTTCATCACAACCATTATTAACATAAAACCGCCTGCAATCTCTCAATATCAAAC
GCCTCTGTTTGTCTGAGCTGTTCTAATTACAGCCGTACTACTTCTGCTGTCCCTACCTGTACTCG
CTGCAGGAATTACAATGCTTCTAACAGACCGAAATCTTAATACCACTTTCTTTGACCCTGCCGG
AGGGGGGGACCCAATTCTTTATCAAC

锦鱼属 *Thalassoma* Swainson, 1839

>>> 钝头锦鱼 *Thalassoma amblycephalum*（Bleeker, 1856）

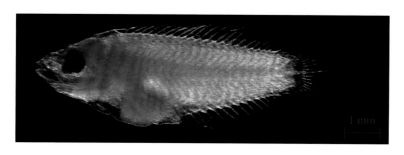

标本号：DSZ32；采集时间：2014-04-25；
采集海域：珠江口外海，373渔区，21.280°N，114.770°E

中文别名：四齿、碇仔

英文名：Bluntheaded wrasse

形态特征：

该标本为全长9.43 mm、体长7.57 mm的钝头锦鱼稚鱼，身体侧扁。头小，头长为体长的27.71%，头高为体长的24.06%；体高为体长的32.16%。口裂小，至眼前缘下方；口前位，下颌和上颌等长；吻短、钝尖，吻长为头长的37.13%。眼小，近圆形，眼径为头长的36.30%。背鳍鳍条发达，背鳍起点位于脑后，背鳍鳍条22条；第一背鳍起点至吻端距离为体长的33.20%。腹囊近三角形，肛门开口于身体近中部，肛前距为体长的53.46%。臀鳍鳍条14条。尾鳍楔形。肌节可计数，为7+16。

保存方式：甲醛

DNA条形码序列：

GCCCTAAGCCTGCTCATTCGGGCAGAATTAAGCCAGCCCGGCGCCCTCCTTGGAGACGAC
CAGATTTATAACGTCATCGTCACAGCCCATGCATTTGTCATAATTTTCTTTATAGTAATACCAATTA
TGATTGGAGGCTTCGGAAACTGACTAATTCCCCTAATGATTGGGGCCCCTGACATGGCCTTCCC
TCGTATGAACAACATGAGCTTTTGGCTTCTTCCCCCTTCATTCCTTCTCCTTCTCGCTTCCTCTGG
TGTTGAAGCAGGAGCCGGAACTGGGTGAACAGTTTATCCGCCCCTAGCAGGTAACCTTGCCCA
CGCTGGCGCATCCGTTGATCTCACTATCTTCTCTTTGCATCTAGCGGGTATTTCATCAATTTTAGG
TGCAATCAACTTCATTACAACCATTGTTAATATGAAACCCCCTGCTATCTCTCAGTACCAGACAC
CCCTTTTCGTATGAGCCGTTCTAATTACAGCAGTCCTTCTTCTACTCTCTCTTCCAGTGCTTGCTG
CCGGCATTACAATGCTCCTAACAGACCGAAATCTAAATACCACCTTCTTTGACCCTGCCGGAGG
AGGAGACCCAATTCTTTATCAAC

>>> **五带锦鱼** *Thalassoma quinquevittatum*（Lay & Bennett, 1839）

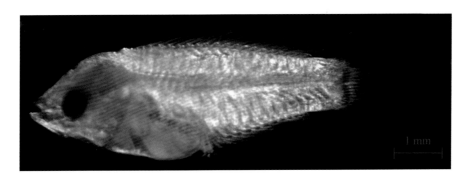

标本号：GDYH627；采集时间：2017-04-08；
采集海域：琼东海域，471渔区，19.483°N，112.050°E

中文别名：四齿、碇仔

英文名：Fivestripe wrasse

形态特征：

该标本为全长8.20 mm、体长6.53 mm的五带锦鱼稚鱼，身体侧扁。头长为体长的34.11%，头高为体长的30.58%；体高为体长的34.71%。口裂小，至眼前缘下方；吻上位，下颌长于上颌；吻短、钝尖，吻长为头长的28.33%。眼小，近圆形，眼径为头长的26.04%。背鳍鳍条21条，第一背鳍起点至吻端距离为体长的34.11%。腹囊近圆形，消化道细长，肛门位于身体中后部，肛前距为体长的57.00%。臀鳍鳍棘3枚、鳍条11条，每条鳍条靠近底部各有1个浅色斑点。尾鳍尚在发育。肌节可计数，为8+13。

保存方式：甲醛

DNA条形码序列：

GCCCTGAGCCTGCTTATTCGAGCAGAGCTAAGCCAGCCCGGCGCCCTCCTTGGGGACGAT
CAGATCTATAACGTCATCGTCACAGCCCATGCATTTGTCATAATTTTCTTTATAGTAATACCAATTA
TGATCGGAGGATTCGGAAACTGACTTATTCCCCTAATGATTGGGGCCCCTGACATGGCCTTCCC
TCGAATGAACAACATAAGCTTTTGACTCCTTCCCCCATCATTCCTTCTTCTCCTTGCCTCTTCTG
GCGTTGAAGCAGGGGCCGGAACCGGATGGACAGTTTACCCTCCTCTAGCAGGTAACCTCGCCC
ACGCTGGCGCATCCGTTGACCTTACTATTTTTTCATTACACCTGGCAGGTATCTCATCAATCCTG
GGTGCAATTAACTTCATTACAACCATTATTAATATGAAGCCCCCAGCCATCTCACAATACCAGAC
ACCTCTCTTCGTGTGGGCCGTCCTAATTACAGCAGTCCTTCTTCTCCTCTCCCTTCCGGTTCTGG
CTGCTGGAATTACAATGCTCCTAACGGACCGAAATCTAAACACCACCTTCTTTGACCCCGCTGG
AGGGGGGGACCCAATCCTTTACCAGC

连鳍唇鱼属 *Xyrichtys* Cuvier, 1814

>>> 洛神连鳍唇鱼 *Xyrichtys dea* Temminck & Schlegel, 1845

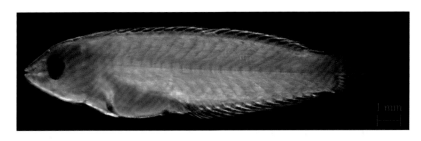

标本号：DSZ84；采集时间：2015-04-24；
采集海域：汕尾外海，327渔区，22.250°N，115.150°E

中文别名：红妹仔、蓝妹仔

英文名：Blackspot razorfish

形态特征：

该标本为全长13.99 mm、体长11.78 mm的洛神连鳍唇鱼稚鱼，身体侧扁。头部较小，头长为体长的24.76%，头高为体长的21.52%；体高为体长的26.37%。口裂小，至眼前缘下方；口前位，吻短、钝尖，吻长为头长的29.69%，上、下颌约等长。眼略小，近圆形，眼径为头长的22.11%。背鳍鳍条19条。腹囊长三角形。肛门位于身体中部，肛前距为体长的51.62%。臀鳍鳍棘3枚、鳍条13条。尾鳍楔形。肌节可计数，为10+14。

保存方式：甲醛

DNA条形码序列：

GCCCTGAGTTTACTCATTCGGGCAGAACTAAGCCAGCCTGGAGCCCTCCTTGGAGACGAC
CAAATTTACAATGTAATCGTCACTGCACACGCATTTGTAATAATTTTCTTTATAGTAATGCCGATT
ATGATCGGCGGATTCGGAAACTGACTCATCCCCCTAATAATCGGCGCCCCAGACATGGCCTTCC
CTCGGATAAACAATATGAGCTTCTGACTTCTGCCCCCGTCTTTCCTACTCCTCCTAGCCTCGTCT

GCCGTAGAAGCCGGAGCCGGAACAGGTTGAACAGTATACCCCCCATTAGCTGGGAACCTCGCT
CACGCAGGCGCATCCGTTGACTTAACAATTTTTTCTCTCCACTTGGCAGGTATCTCCTCAATCCT
CGGGGCAATTAATTTTATTACAACAATTATTAATATGAAGCCCCCGCTATTTCCCAATACCAAAC
ACCCCTGTTTGTGTGAGCCGTTCTCATCACAGCGGTCCTACTCCTCCTCTCACTCCCTGTCCTTG
CCGCGGGCATTACAATGCTCCTAACAGATCGAAATCTAAACACAACCTTCTTTGATCCTGCCGG
GGGAGGGGACCCTATCCTCTACCAGC

>>> **蔷薇连鳍唇鱼** *Xyrichtys verrens*（Jordan & Evermann, 1902）

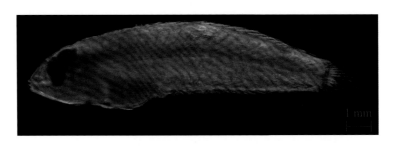

标本号：GDYH183；采集时间：2014-04-23；
采集海域：陆丰外海，328渔区，22.250°N，115.583°E

中文别名：红妹仔、石马

英文名：Long-fin razor wrasse

形态特征：

该标本为全长14.69 mm、体长12.91 mm的蔷薇连鳍唇鱼稚鱼，身体侧扁。头长为体长的22.90%，头高为体长的19.11%；体高为体长的24.27%。口裂小，至眼前缘下方；口前位，吻短、钝尖，吻长为头长的27.06%；口裂至眼前部。眼略小，近圆形，眼径为头长的33.09%。腹囊椭圆形，消化道细长，在腹囊内卷曲，再沿着体壁延伸至肛门。肛门位于身体前部，肛前距为体长的45.61%。臀鳍有损，鳍棘3枚、鳍条13条；尾鳍楔形。肌节可计数，为9/10+16。

保存方式：甲醛

DNA条形码序列：

GCCCTGAGTTTACTCATTCGGGCAGAATTAAGCCAACCCGGAGCTCTCCTTGGAGACGAC
CAGATTTATAATGTGATCGTCACAGCACACGCATTTGTAATAATTTTCTTTATAGTAATACCAATTA
TGATCGGCGGATTTGGAAACTGACTCATCCCCCTTATGATTGGCGCCCCAGACATGGCATTCCC
CCGAATGAATAACATGAGTTTCTGACTTCTGCCCCCCTCCTTCCTTCTCCTCTTAGCTTCCTCTG
GGGTAGAAGCCGGTGCCGGAACAGGCTGAACAGTATACCCTCCGCTGGCTGGAAACCTCGCTC
ACGCAGGTGCATCCGTTGACTTAACAATTTTCTCCCTTCACCTAGCAGGAATTTCCTCGATCCTC
GGAGCAATTAATTTTATTACAACAATTATCAATATGAAACCCCAGCCATCTCCCAATACCAGAC
TCCCCTATTTGTATGAGCTGTCCTTATCACGGCGGTTCTTCTTCTCCTCTCTCCCTGTCCTTGC
AGCAGGTATTACAATGCTTCTAACAGATCGAAATCTAAACACAACCTTCTTTGACCCCGCCGGA
GGAGGGGACCCCATCCTCTACCAGC

>>> **连鳍唇鱼** *Xyrichtys* sp.

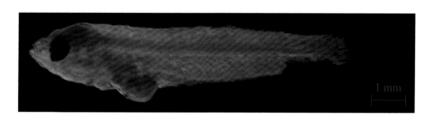

标本号：BBWZ865；采集时间：2014-09-01；
采集海域：北部湾海域，415渔区，20.417°N，108.250°E

中文别名：红妹仔、蓝妹仔

英文名：Razor fish

形态特征：

该标本为全长10.85 mm、体长9.03 mm的连鳍唇鱼仔鱼，处于弯曲期，身体侧扁。头长为体长的24.62%，头高为体长的19.47%；体高为体长的19.08%。口裂小，至眼前缘下方；吻上位，下颌略长于上颌；吻短、钝尖，吻长为头长的26.35%。眼略小，近圆形，眼径为头长的31.03%。背鳍鳍条不明显，第一背鳍起点至吻端距离为体长的32.07%。腹囊长椭圆形，消化道细长，卷曲于腹囊内。肛门位于身体前部，肛前距为体长的43.70%。肌节可计数，为6+18。

保存方式：甲醛

DNA条形码序列：

GCCCTGAGTTTACTCATTCGGGCAGAACTAAGCCAACCCGGAGCTCTCCTTGGAGACGAT
CAAATTTATAATGTAATCGTCACAGCACACGCATTTGTAATAATTTTCTTTATAGTAATACCAATTA
TGATCGGCGGATTTGGAAACTGACTCATCCCCTTAATGATCGGGGCCCCAGACATGGCCTTCCC
CCGAATGAATAATATGAGCTTCTGACTCCTTCCACCCTCCTTCCTGCTTCTCTTAGCCTCCTCTG
GGGTAGAAGCTGGTGCTGGAACCGGTTGAACAGTATACCCCCCACTAGCCGGGAACCTCGCCC
ACGCAGGTGCATCCGTTGACTTAACGATTTTCTCGCTCCACTTGGCGGGAATTTCCTCAATCCTT
GGCGCAATTAATTTCATCACAACAATTATTAATATGAAACCCCCCGCCATCTCCCAGTATCAAAC
CCCCCTATTTGTGTGAGCCGTTCTCATTACAGCTGTCCTTCTTCTCCTCTCCCTTCCCGTCCTTGC
CGCAGGTATTACTATACTCTTAACAGACCGAAATTTAAACACAACCTTCTTTGACCCTGCGGGA
GGGGGGGACCCGATCCTCTACCAAC

鳚科 Blenniidae

肩鳃鳚属 *Omobranchus* Valenciennes, 1836

>>> 肩鳃鳚 *Omobranchus* sp.

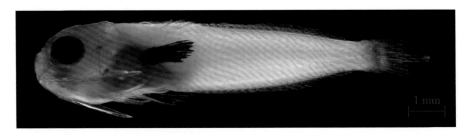

标本号：XWZ48；采集时间：2013-09-25；

采集海域：徐闻角尾海域，418渔区，20.225° N，109.994° E

中文别名：肩鳃鳚

英文名：Blenny

形态特征：

该标本为全长11.55 mm、体长9.83 mm的肩鳃鳚稚鱼，身体修长。头中等大，头长为体长的25.53%；体高为体长的19.77%。口下位，上颌长于上颌，上颌钝圆而突起，口裂达眼中部下方，吻长为头长的19.56%。眼大，圆形，眼径为头长的40.60%。鳃盖骨下方各具1枚强棘，腹囊三角形，肛门位于身体前部，肛前距为体长的42.42%。胸鳍掌状，下叶呈深黑色。背鳍连续，背鳍起点至吻端距离为体长的30.71%。臀鳍基底较长，臀鳍鳍条24条。尾鳍截形。肌节可计数，为7/8+27。

保存方式：甲醛

DNA条形码序列：

GCTTTAAGCCTACTTATTCGAGCCGAATTAAGCCAGCTGGCGCACTTCTTGGTGATGACC
AGATCTATAATGTTATCGTCACTGCTCATGCCTTCGTAATGATTTTCTTTATAGTAATGCCAATTAT
GATTGGTGGCTTCGGAAACTGACTTATCCCCCTCATGATTGGTGCCCCAGATATGGCTTTCCCTC
GAATGAACAATATGAGCTTCTGACTGCTACCCCCCTCTTTCCTTTTGCTGCTAGCTTCTTCCGGG
GTAGAAGCAGGGGCCGGGACAGGCTGAACCGTTTACCCCCCTCTGTCAGGTAACCTCGCACAT
GCCGGGGCCTCTGTTGATTTAACAATTTTCTCCCTTCACTTAGCAGGAATTTCATCTATTCTTGGT
GCAATTAACTTTATTACGACCATTATCAACATGAAACCCCCTGCAATTTCCCAATACCAAACCCC
CCTGTTTGTATGAGCTGTATTAATTACCGCTGTCCTTCTCCTTCTTTCCCTTCCAGTACTAGCCGC
AGGAATTACAATATTATTAACAGATCGGAATCTAAACACAACTTTCTTTGACCCTGCCGGAGGA
GGAGACCCTATCTTATATCAAC

>>> **斑点肩鳃鳚** *Omobranchus punctatus*（Valenciennes, 1836）

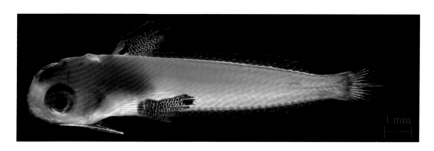

标本号：XWZ78；采集时间：2013-09-27；

采集海域：徐闻角尾海域，418渔区，20.225°N，109.994°E

中文别名：钝吻肩鳃鳚、日本肩鳃鳚

英文名：Muzzled blenny

形态特征：

该标本为全长13.77 mm、体长11.81 mm的斑点肩鳃鳚仔鱼，处于弯曲后期，身体细长。头长为体长的24.42%，体高为体长的18.77%。口下位，上颌长于下颌，上颌吻钝圆，吻长为头长的21.12%。鳃盖骨下方具1枚强棘。眼大，圆形，眼径为头长的43.72%。颅顶具2条线状色素带和1个小型辐射状花纹色素斑。肛门位于身体前部，肛前距为体长的39.57%。背鳍起始于胸鳍上方，背鳍起点至吻端距离为体长的29.82%。背鳍基底长，背鳍鳍条29条，鳍膜较长。胸鳍掌状，下叶遍布点状黑色素斑，色素斑之间为黄色。臀鳍基底较长，臀鳍鳍条为26/27条。尾鳍截形。肌节可计数，为8+30。

保存方式：甲醛

DNA条形码序列：

GCCCTAAGCCTCTTAATTCGAGCTGAATTAAGCCAGCCCGGTGCCCTCCTAGGGGATGAC
CAGATTTATAATGTCATCGTCACTGCCCATGCGTTCGTAATAATCTTCTTTATAGTAATGCCAATCA
TGATCGGAGGGTTTGGAAACTGACTCATTCCACTAATGATTGGTGCCCCAGACATGGCCTTCCC
CCGAATAAACAACATGAGCTTCTGACTCCTGCCCCCCTCCTTCCTACTCTTGCTAGCCTCCTCTG
GAGTAGAAGCAGGGGCTGGAACAGGATGGACTGTCTACCCTCCCTTATCAGGCAACTTAGCAC
ACGCTGGGGCCTCCGTAGACCTAACAATCTTCTCCCTTCATCTAGCCGGGATTTCATCAATTCTT
GGTGCAATTAACTTCATCACAACTATCATTAATATGAAACCCCCTGCCATCTCTCAGTACCAAAC
CCCCCTCTTTGTTTGAGCTGTTCTTATTACAGCCGTACTACTACTTTTATCTCTACCAGTGCTTGC
TGCGGGGATTACAATGCTACTGACAGATCGAAATCTAAACACCACCTTTTTTGACCCCGCCGGA
GGTGGAGACCCCATCCTGTATCAAC

鮨科 Callionymidae

深水鮨属 *Bathycallionymus* Nakabo, 1982

>>> **基岛深水鮨** *Bathycallionymus kaianus*（Günther, 1880）

标本号：XWZ183；采集时间：2014-02-28；

采集海域：徐闻角尾海域，418渔区，20.225° N，109.994° E

中文别名：鮨

英文名：Kai Island deepwater dragonet

形态特征：

该标本为全长8.62 mm、体长6.90 mm的基岛深水鮨稚鱼，身体扁平。头大，头长为体长的46.99%，头宽为体长的38.25%；体宽为体长的18.75%。口大，吻部上方具12个点状褐色斑，吻长为头长的20.21%。眼大，椭圆形，长径为头长的30.33%。肛门位于身体中后部，肛前距为体长的58.75%。腹鳍鳍条发达，具点状色素斑分布。尾鳍长而发达。肌节不可计数。

保存方式：甲醛

DNA条形码序列：

GCTCTTAGCCTACTTATCCGGGCAGAGCTAAACCAGCCAGGGGCCCTTCTTGGCGATGAC
CAGATTTATAATGTTATTGTTACTGCGCATGCATTTGTAATAATTTTTTTTATGGTAATACCAATTAT

GATCGGAGGCTTCGGAAACTGACTAATCCCTCTAATGATTGGGGCTCCCGACATGGCCTTCCCT
CGAATAAATAACATGAGTTTTTGGCTCTTACCCCCATCTTTCCTTCTTCTCTTAGCATCTTCAGGC
GTAGAGGCCGGGGCCGGAACAGGTTGAACTGTTTATCCCCCCTTATCAAGCAACCTTGCACATG
CAGGTGCCTCTGTAGATCTAACTATCTTCTCGCTCCACCTGGCAGGTATCTCATCTATTCTTGGTG
CCATTAACTTTATTACAACAATTACAAATATAAAGCCCCCAGCTATAACCCAATACCAAACCCCG
CTATTCGTATGAGCCGTGCTTATTACAGCTGTGCTATTACTACTGTCCCTTCCAGTCTTAGCCGCA
GGTATTACCATACTCCTTACAGACCGAAACTTAAACACTACTTTTTTTGACCCGGCAGGAGGAG
GGGACCCCATCCTATATCAGC

鮨属 *Callionymus* Linnaeus, 1758

>>> 弯角鮨 *Callionymus curvicornis* Valenciennes, 1837

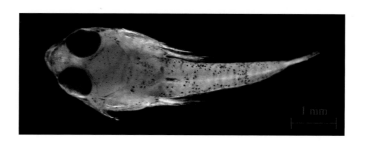

标本号：XWZ101；采集时间：2013-10-14；
采集海域：徐闻角尾海域，418渔区，20.225°N，109.994°E

中文别名：鮨

英文名：Horn dragonet

形态特征：

该标本为全长6.31 mm、体长5.23 mm的弯角鮨稚鱼，身体扁平。头大，头长为体长的47.60%，头宽为体长的35.04%；体宽为体长的16.64%。口斜位，下颌略长于上颌，吻长为头长的12.25%。眼巨大，椭圆形，长径为头长的30.65%。颅顶具数个橘黄色和黑色相间的点状色素斑，在眼后方形成楔形沟纹。前鳃盖骨后端外侧具1枚弯曲强棘。身体上具数个中等大的黑色素斑和橘黄色针尖大的点状色素斑。腹鳍长而发达。肌节不可计数。

保存方式：甲醛

DNA条形码序列：

GCCCTCAGCCTTCTCATTCGAGCTGAGCTGAACCAACCAGGAGCCCTTCTTGGTGACGAC
CAGATTTATAATGTTATTGTTACTGCACATGCATTTGTAATAATTTTTTTCATGGTTATGCCTATCAT
AATTGGAGGCTTTGGTAACTGACTTGTCCCTATGATGATCGGGGCCCCAGACATAGCCTTCCCA
CGAATGAATAATATAAGCTTTTGACTCCTCCCTCCCTCCTTCCTTCTCCTCTTGGCGTCTTCTGGG
GTTGAAGCCGGAGCAGGAACAGGGTGAACTGTCTACCCTCCTCTGTCAAGCAATCTTGCCCAT
GCAGGGGCCTCTGTTGACTTAACCATTTTTTCACTCCACTTAGCAGGTATTTCTTCTATTCTCGG
GGCTATTAACTTCATCACAACGATTACTAACATAAAACCCCCTGCCCTAACCCAATACCAAACCC
CCCTATTCGTCTGAGCCGTACTAATTACAGCTGTACTCCTTCTTCTATCTCTCCCAGTACTTGCTG
CAGGTATTACTATACTTCTAACAGACCGTAACCTAAATACTACCTTTTTTGACCCCGCAGGAGGA
GGAGACCCGATTCTTTACCAAC

>>> **长崎鮨** *Callionymus huguenini* Bleeker, 1858—1859

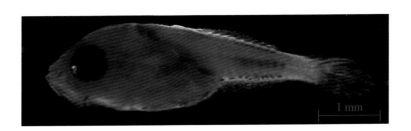

标本号：HZ72；采集时间：2015-04-23；
采集海域：汕尾海域，328渔区，22.250° N，115.750° E

中文别名：鮨、滑骨鱼、箭头鱼

英文名：Huguenin's dragonet

形态特征：

该标本为全长5.34 mm、体长4.45 mm的长崎鮨仔鱼，处于弯曲期，身体梭形，略扁。头大，头部后上方具1个大块黑色素斑；头长为体长的51.37%，体高为体长的19.57%。口斜位，下颌略长于上颌，吻长为头长的16.89%。眼大，圆形，眼径为头长的27.17%。下颌隅角具2个明显的点状褐色斑。腹囊呈长三角形，上缘黑色，下缘具5个色素斑。肛门位于身体中后部，肛前距为体长的63.89%。背鳍鳍褶退化，鳍条可计数为10条。背鳍基底具6个点状黑色素斑，排列成带状。第一背鳍起点至吻端距离为体长的55.53%。臀鳍鳍褶退化，薄而半透明，鳍条发育中，其基底上方具12个黑色素斑。尾鳍呈扇形。肛前肌节不可计数，肛后肌节可计数，为13/14。

保存方式：甲醛

DNA条形码序列：

GCACTAAGCCTTCTGATTCGAGCAGAACTAAATCAACCAGGGGCACTTCTTGGCGACGAT
CAAATTTATAATGTTATTGTTACCGCCCATGCATTTGTAATAATTTTTTTTATGGTTATACCCATTAT
AATTGGGGGTTTTGGTAACTGACTTATTCCGATAATGATCGGTGCCCCAGATATGGCTTTTCCTC
GAATAAATAATATAAGCTTTTGACTCCTCCCCCCCTCTTTCTTGCTTCTCCTCGCATCTTCAGGCG
TAGAAGCAGGAGCAGGAACAGGATGAACTGTATACCCCCCCCTTATCAAGTAACCTTGCACATGC
CGGCGCCTCAGTCGACTTAACTATTTTTTCTCTTCACCTGGCGGGGATCTCATCTATTTTAGGGG
CTATCAATTTTATTACCACAATTACAAACATGAAACCCCCCGCCCTAACTCAGTACCAAACCCCT
TTATTTGTTTGAGCTGTTCTAATTACTGCTGTTCTTTTATTGCTGTCCTTACCCGTCTTAGCTGCA
GGTATTACAATACTTCTTACTGACCGAAACTTAAACACAACCTTTTTTGACCCTGCTGGAGGAG
GAGACCCTATTCTTTACCAAC

塘鳢科 Eleotridae

脊塘鳢属 *Butis* Bleeker, 1856

>>> 锯脊塘鳢 *Butis koilomatodon*（Bleeker, 1849）

标本号：GDYH935；采集时间：2017-08-29；

采集海域：雷州湾海域，393渔区，20.667° N，110.500° E

中文别名：花锥脊塘鳢、花锥塘鳢

英文名：Mud sleeper

形态特征：

该标本为全长7.23 mm、体长6.42 mm的锯脊塘鳢仔鱼，处于弯曲期，身体修长。头长为体长的33.02%，体高为体长的18.87%。口斜位，上、下颌约等长，口裂达眼后部下方，吻长为头长的29.28%。眼中等大，近圆形，眼径为头长的22.16%。鳔明显。肛门位于身体中部，肛前距为体长的49.07%。第一背鳍鳍棘6枚，第二背鳍鳍棘1枚、鳍条8条。背鳍起点位于鳔后方，垂直方向略稍后于臀鳍，第一背鳍起点至吻端距离为体长的41.05%。背鳍后方体节上具7个深浅不一的黑色素斑。臀鳍具长鳍条7条。肌节可计数，为9+14。

保存方式：甲醛

DNA条形码序列：

GCCCTAAGCCTTTTAATTCGAGCCGAGCTAAGCCAGCCCGGCGCCCTATTAGGAGACGAT

CAAATTTATAACGTTATCGTTACGGCCCACGCCTTCGTAATAATCTTCTTTATAGTAATACCAATCA
TAATTGGGGGATTCGGTAATTGACTCATTCCCCTAATAATCGGCGCCCCAGACATAGCATTCCCC
CGAATAAATAACATAAGCTTCTGACTATTGCCCCCATCCTTTTTACTTCTATTAGCCTCATCCGGA
GTTGAAGCCGGGGCCGGAACAGGGTGAACAGTATACCCTCCCCTCGCAGGAAATCTCGCCCAC
GCAGGAGCTTCCGTTGACTTAACAATTTTCTCCCTCCATTTAGCAGGAATTTCCTCTATTTTAGG
CGCAATTAACTTCATTACCACAATTCTTAATATGAAGCCCCCAGCTATAACACAGTACCAAACAC
CTCTCTTTGTGTGAGCCGTACTAATTACAGCTGTGCTTCTACTCTTATCCCTCCCCGTACTTGCCG
CTGGCATTACTATGCTCCTGACAGACCGAAACCTAAACACAACTTTCTTTGACCCTGCAGGGGG
AGGAGACCCAATTCTGTACCAAC

塘鳢属 *Eleotris* Bloch & Schneider, 1801

>>> 褐塘鳢 *Eleotris fusca*（Forster, 1801）

标本号：BBWZ1392；采集时间：2014-02-14；

采集海域：北部湾海域，443渔区，19.895°N，108.207°E

中文别名：棕色塘鳢

英文名：Dusky sleeper

形态特征：

该标本为全长15.97 mm、体长13.87 mm的褐塘鳢稚鱼，身体修长，呈长梭形。头小，头长为体长的23.62%；体高为体长的15.94%。口前位，上、下颌约等长，口裂至眼前下方。吻短小，吻长为头长的23.84%。眼中等大，近圆形，眼径为头长的

23.84%。鳃盖骨中后方有1个浅色色素斑。肛门位于身体中后部，肛前距为体长的57.28%。鳔清晰可见，鳔上方具1个大型色素斑。第一背鳍鳍棘强大，鳍棘5枚，背鳍起点至吻端距离为体长的59.21%。第二背鳍鳍条缺损。胸鳍鳍条发达，腹鳍鳍条7条。臀鳍棘化，鳍棘6枚，基底上方具2个色素斑。臀鳍后方具2个线条状色素斑。尾鳍截形，基底上具1个色素斑。肌节可计数，为9+15。

保存方式：甲醛

DNA条形码序列：

GCTTTAAGCCTGCTGATCCGCGCCGAACTTAGTCAACCTGGTGCCCTACTAG
GAGACGACCAAATCTACAATGTCATCGTTACGGCCCATGCCTTTGTGATGATTTTC
TTTATAGTAATGCCAATTATGATTGGTGGCTTTGGAAACTGACTAATCCCCCTGAT
AATTGGTGCTCCAGACATAGCCTTCCCCCGAATAAACAACATAAGTTTCTGGCTC
CTCCCGCCCTCTTTCCTACTCCTCCTAGCCTCGTCAGGTGTTGAAGCAGGGGCTG
GTACAGGATGAACTGTTTATCCCCCCTTAGCAGGCAACCTCGCCCACGCAGGGG
CTTCTGTGGACCTAACAATCTTTTCCCTACATCTGGCAGGTGTGTCTTCAATTTTA
GGCGCCATTAACTTTATCACCACAATCATTAATATGAAACCCCCCGCAATCTCCCA
ATACCAAACACCCCTATTCGTGTGAGCTGTATTAATCACAGCAGTGCTTCTACTAC
TTTCCTTCCTGTACTCGCCGCCGGCATTACAATGCTACTGACGGACCGAAACTT
AAACACCACCTTCTTTGACCCAGCCGGAGGAGGGGACCCAATCCTATACCAAC

>>> **尖头塘鳢** *Eleotris oxycephala* Temminck & Schlegel, 1845

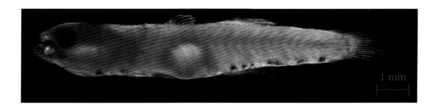

标本号：GDYH1050；采集时间：2017-09-08；
采集海域：珠江口海域，324渔区，22.446°N，113.679°E

中文别名：乌鱼竹壳、黑咕噜

英文名：Sleeper

形态特征：

该标本为全长11.86 mm、体长9.94 mm的尖头塘鳢稚鱼，身体修长。头小，头长为体长的28.10%；体高为体长的16.13%。口斜位，口裂至眼中部下方；吻部正常，短小，吻长为头长的26.95%。眼大，近圆形，眼径为头长的23.55%。隅角处具1个黑色素斑。肛门位于身体中后部，肛前距为体长的59.23%。鳔明显。第一背鳍位于鳔上方，第一背鳍起点至吻端距离为体长的41.87%。第一背鳍鳍棘5枚，第二背鳍鳍棘1枚、鳍条9条。腹鳍鳍棘1枚、鳍条5条。臀鳍鳍棘3枚、鳍条8条。臀鳍基底上方至尾柄具7个深浅不一的块状黑色素斑。尾鳍呈长方形。肌节可计数，为8+14。

保存方式：甲醛

DNA条形码序列：

GCTTTAAGCCTACTAATCCGAGCTGAGCTAAGTCAACCCGGCGCGTTACTAGGGGACGAT
CAAATTTATAATGTAATCGTCACCGCTCACGCCTTCGTGATAATTTTCTTTATAGTAATACCAATTA
TGATCGGCGGCTTCGGAAACTGATTAGTGCCTCTAATGATCGGCGCCCCCGATATGGCCTTTCCC
CGAATAAATAACATAAGCTTTTGACTCCTTCCTCCCTCTTTCCTTCTTCTTTTAGCATCCTCTGGA
GTAGAAGCAGGGGCTGGAACAGGCTGAACCGTATACCCTCCTCTGGCAGGAAACCTTGCCCAC
GCAGGAGCTTCTGTAGACCTAACAATTTTCTCGCTACATTTAGCCGGGGTGTCTTCGATTCTTGG
AGCTATTAACTTCATTACCACCATTATCAATATGAAGCCTCCAGCAATTTCTCAATACCAAACGC
CTCTGTTTGTCTGAGCCGTTCTAATTACAGCAGTTCTCCTCCTTCTATCTCTTCCCGTTCTTGCTG
CCGGCATTACAATACTCCTAACAGACCGAAACCTAAACACAACCTTCTTTGACCCAGCAGGGG
GTGGGGATCCAATCCTATACCAGC

虾虎鱼科 Gobiidae

细棘虾虎鱼属 *Acentrogobius* Bleeker, 1874

>>> 细棘虾虎鱼 *Acentrogobius* sp.

标本号：JHZ12；采集时间：2013-10-12；

采集海域：北海海域，364渔区，21.036°N，109.704°E

中文别名：虾虎鱼

英文名：Sand goby

形态特征：

该标本为全长5.50 mm、体长4.60 mm的细棘虾虎鱼仔鱼，处于弯曲后期，身体修长。头中等大，头长为体长的26.87%，头高与体高相近；体高为体长的18.79%。口斜位，口裂达眼前部下方，下颌略长于上颌；吻略尖，吻长为头长的24.90%。眼大，近圆形，眼径为头长的28.54%。腹囊长圆形，消化道管状，其上方具一辐射状黑色素斑。肛门位于身体中后部，肛前距为体长的55.29%。背鳍发育中，第一背鳍鳍棘7枚，第二背鳍鳍条可计数为11条，第一背鳍起点至吻端距离为体长的39.43%。臀鳍基底至尾柄具13/14个浅褐色色素斑排列。尾鳍截形。肌节可计数，为10+14。

保存方式：甲醛

DNA条形码序列：

GCATTAAGCCTTTTGATCCGAGCCGAATTAAGCCAACCTGGCGCCCTCCTGGGGGATGAC

CAAATTTATAATGTAATCGTCACTGCTCACGCATTCGTAATAATTTTCTTTATAGTAATACCGATCA

TAATTGGAGGTTTTGGAAACTGACTGGTACCACTAATGATCGGAGCCCCCGACATGGCATTTCC
ACGAATAAACAACATAAGCTTTTGGCTCCTACCCCCGTCCTTCCTTCTTCTCCTTGCATCATCAG
GCGTAGAGGCGGGGGCAGGAACCGGGTGAACAGTCTACCCCCCTTTAGCAGGCAATCTTGCTC
ACGCAGGCGCATCTGTCGACCTAACAATCTTTTCCCTTCACTTAGCCGGGATCTCTTCAATCTTA
GGTGCTATTAACTTTATTACTACAATTTTAAACATGAAACCTCCAGCTATCTCACAATATCAAAC
CCCCCTTTTCGTATGAGCCGTTCTAATTACTGCTGTACTTCTTCTCCTTTCTCTCCCAGTGCTTGC
TGCCGGAATCACAATACTGCTAACAGACCGAAACCTTAATACAACCTTCTTCGACCCCGCTGGC
GGAGGGGATCCAATCCTGTACCAAC

钝尾虾虎鱼属 *Amblychaeturichthys* Bleeker, 1874

>>> 六丝钝尾虾虎鱼 *Amblychaeturichthys hexanema* (Bleeker, 1853)

标本号：FCZ13；采集时间: 2014-01-15；

采集海域：企沙海域，361渔区，21.418°N，108.264°E

中文别名：甘仔鱼、狗甘仔

英文名：Pinkgray goby

形态特征：

　　该标本为全长9.71 mm、体长8.58 mm的六丝钝尾虾虎鱼仔鱼，处于弯曲期，身体修长，侧扁。头中等大，头长为体长的21.52%，头高为体长的17.25%；体高为体长的19.03%。口斜位，口裂达眼前部下方，下颌略长于上颌；吻尖，吻长为头长的

23.77%。眼大，圆形，眼径为头长的31.51%。消化道较长，肛门位于身体中后部，肛前距为体长的55.65%。鳔明显，位于消化道上方。背鳍尚在发育，背鳍起点至吻端距离为体长的33.51%。臀鳍鳍条14条，臀鳍基底上方具3个小色素斑和1个线形长色素斑。尾鳍截形。肌节可计数，为12+17。

保存方式：甲醛

DNA条形码序列：

GCCTTAAGCCTTCTGATCCGAGCCGAACTAAGCCAACCCGGGGCACTCTTAGGGGATGAC
CAGATTTACAACGTAATCGTTACAGCCCATGCCTTTGTTATAATTTTTTTTATAGTTATACCCATCA
TAATTGGGGGCTTTGGGAATTGACTGGTCCCCCTAATAATTGGGGCCCCAGACATAGCCTTTCCC
CGAATAAATAACATAAGTTTTTGACTTCTCCCCCCATCATTCCTTCTACTCCTTTCTTCTTCAGGC
GTAGAAGCCGGGGCTGGTACCGGATGAACTGTTTACCCGCCCTTAGCAGGAAACCTTGCCCAT
GCAGGGGCCTCTGTTGACTTAACAATTTTTTCCTTACACCTCGCCGGGATTTCATCTATTTTAGG
GGCTATCAACTTTATCACGACTATTCTCAATATAAAACCCCCGCAATAACACAGTACCAAACCC
CTCTCTTTGTGTGGTCCGTACTAATTACAGCCGTACTCTTACTTTTATCTCTTCCTGTACTCGCTG
CCGGCATTACCATGCTTCTCACAGATCGAAACTTAAACACAACCTTCTTCGACCCTGCCGGAGG
GGGAGACCCAATCCTTTACCAAC

钝孔虾虎鱼属 *Amblyotrypauchen* Hora, 1924

>>> 窄头钝孔虾虎鱼 *Amblyotrypauchen arctocephalus*（Alcock, 1890）

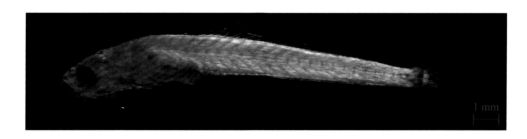

标本号：BBWZ706；采集时间：2014–08–26；
采集海域：北部湾海域，444渔区，19.755° N，108.561° E

中文别名：虾虎鱼

英文名：Armour eelgoby

形态特征：

该标本为全长15.84 mm、体长13.88 mm的窄头钝孔虾虎鱼仔鱼，处于弯曲期，身体细长。头小，头长为体长的13.23%，头高与体高相近；体高为体长的12.90%。口斜位，下颌和上颌约等长；吻略尖，吻长为头长的34.15%。眼大，近椭圆形，眼径为头长的42.27%。腹囊呈长圆形。鳔明显。肛门位于身体前部，肛前距为体长的39.36%。背鳍起始于鳔上方，第一背鳍起点至吻端距离为体长的27.07%。背鳍基底长，占体长的67.32%。臀鳍基底长，占体长的57.28%。尾鳍截形。肌节可计数，为7+21。

保存方式：甲醛

DNA条形码序列：

GCCTTAAGCCTCCTAATCCGAGCAGAACTCAGTCAACCCGGGGCCCTTTTAGGGGACGAT
CAAATTTATAATGTAATTGTTACAGCTCATGCCTTTGTAATAATTTTCTTTATAGTAATACCTGTAA
TAATTGGAGGGTTTGGAAACTGACTTGTCCCCCTAATAATCGGGGCCCCCGATATAGCCTTCCCT
CGAATAAATAACATAAGCTTTTGACTTCTTCCTCCTTCTTTCCTTCTTCTTTTAGCCTCCTCAGGG
GTTGAAGCTGGAGCTGGAACTGGTTGAACAGTATACCCCCCACTTGCTGGGAATCTCGCCCATG
CTGGTGCCTCTGTTGATTTAACCATTTTCTCTCTTCACTTAGCTGGAATTTCCTCCATCCTTGGGG
CCATTAATTTCATTACAACAATTTTAAATATGAAACCCCCTGCCATTTCACAATACCAAACCCCTC
TTTTTGTGTGGGCTGTCCTAATTACTGCTGTCTTACTTCTCCTCTCTCTACCAGTGTTAGCTGCTG
GCATTACAATGCTCTTAACAGACCGAAACTTAAACACGACCTTCTTTGACCCTGCAGGAGGGG
GAGATCCAATTCTCTATCAAC

颊沟虾虎鱼属 *Aulopareia* Smith, 1945

>>> 单色颊沟虾虎鱼 *Aulopareia unicolor*（Valenciennes, 1837）

标本号：GDYH919；采集时间：2017-08-29；
采集海域：雷州湾海域，393渔区，20.833° N，110.500°E

中文别名：虾虎鱼

英文名：暂无

形态特征：

该标本为全长9.68 mm、体长8.52 mm的单色颊沟虾虎鱼仔鱼，处于弯曲后期，身体修长。头中等大，头长为体长的19.19%，体高为体长的10.46%。口斜位，口裂达眼前部下方，下颌略长于上颌；吻略尖，吻长为头长的22.45%。眼大，近圆形，眼径为头长的26.30%。消化道细长，肛门位于身体前部，肛前距为体长的42.58%。第一背鳍起点至吻端距离为体长的27.86%。臀鳍后方具1个色素斑。肌节可计数，为10+14。

保存方式：甲醛

DNA条形码序列：

GCATTAAGCCTTCTTATCCGAGCTGAACTAAGCCAACCTGGCGCTCTACTCGGAGACGAT
CAAATTTATAACGTAATTGTTACTGCCCATGCATTTGTAATAATTTTTTTTATAGTAATACCGATTA
TGATTGGAGGCTTCGGAAATTGGCTGATTCCTTTAATGATTGGAGCCCCTGACATGGCCTTCCCC

CGAATAAATAATATAAGCTTCTGACTTCTGCCTCCTTCTTTCCTCCTTCTTTTAGCTTCCTCAGCA

GTAGAGTCGGGGGCCGGCACAGGCTGAACCGTATACCCTCCTTTAGCGGGCAATCTTGCCCATG

CAGGAGCATCAGTTGACCTAACAATCTTCTCTCTGCACTTGGCAGGAATTTCTTCAATTCTAGGT

GCCATTAATTTTATTACTACAATTTTAAACATGAAGCCCCCAGCCATCTCACAGTATCAAACACC

CCTGTTCGTCTGAGCCGTATTAATTACAGCCGTGCTACTCCTTTTGTCCTTACCAGTTCTTGCCG

CCGGCATCACAATACTTCTAACAGACCGAAACTTGAATACAACCTTCTTTGACCCGGCTGGAGG

AGGAGACCCAATCCTATACCAAC

拟矛尾虾虎鱼属 *Parachaeturichthys* Bleeker, 1874

>>> 多须拟矛尾虾虎鱼 *Parachaeturichthys polynema*（Bleeker, 1853）

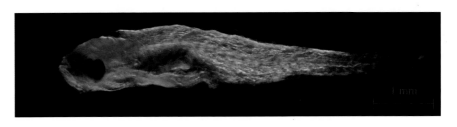

标本号：BBWZ18；采集时间：2013-11-01；

采集海域：企沙海域，361渔区，21.333°N，108.500°E

中文别名：虾虎鱼

英文名：Taileyed goby

形态特征：

该标本为全长6.55 mm、体长5.94 mm的多须拟矛尾虾虎鱼仔鱼，处于弯曲期，身体修长。头大，头长为体长的32.21%；体高为体长的17.81%。口斜位，口裂达眼前部下方，下颌略长于上颌；吻略尖，吻长为头长的36.47%；眼大，近圆形，晶体上缘具1个缺刻，眼径为头长的31.97%。腹囊长圆形，消化道细长，肛门位于身体中后部，肛前距为体长的55.57%。鳔明显。背鳍和臀鳍鳍条发育中。背鳍和臀

鳍后方各具1个大型棕黄色色素斑。尾鳍鳍条较长，外缘呈矛状。肌节可计数，为
8+17。

保存方式：甲醛

DNA条形码序列：

GCATTAAGCCTGCTTATTCGGGCAGAATTAAGCCAACCTGGTGCTCTCCTAGGAGACGATC
AAATTTATAACGTAATCGTAACCGCCCACGCATTTGTAATGATTTTCTTTATAGTAATACCAGTTAT
GATTGGAGGTTTCGGAAACTGACTCATTCCATTAATAATCGGGGCCCCCGACATAGCCTTCCCCC
GAATGAATAATATGAGCTTCTGACTCCTTCCCCCCTCATTCTTATTGCTTCTAGCTTCTTCAGGCG
TAGAGGCAGGAGCCGGAACAGGATGAACTGTCTACCCCCCCTTAGCCGGCAATCTTGCTCATG
CAGGAGCATCCGTAGATCTCACAATTTTTTCCCTTCATCTGGCAGGAATTTCTTCAATCCTTGGG
GCCATTAATTTTATCACTACAATCTTAAATATGAAGCCCCCAGCTATTTCACAATATCAAACACCA
TTGTTTGTCTGAGCCGTACTCATTACAGCCGTATTACTTCTTTTATCCCTCCCCGTCCTTGCCGCC
GGCATTACAATGCTACTTACAGACCGAAACTTAAACACAACCTTCTTTGATCCCGCTGGAGGAG
GGGACCCTATTTTATATCAGC

拟虾虎鱼属 *Pseudogobius* Popta, 1922

>>> **爪哇拟虾虎鱼** *Pseudogobius javanicus*（Bleeker, 1856）

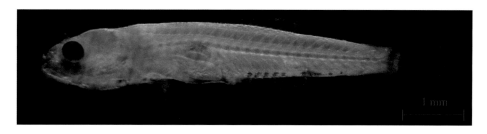

标本号：JHZ24；采集时间：2013-10-12；
采集海域：北部湾海域，364渔区，21.036°N，109.704°E

中文别名：虾虎鱼

英文名：暂无

形态特征：

该标本为全长6.69 mm、体长5.77 mm的爪哇拟虾虎鱼仔鱼，处于弯曲后期，身体梭形，侧扁。头中等大，头长为体长的26.08%，头高与体高相近；体高为体长的17.60%。口斜位，下颌略长于上颌；吻钝，吻长为头长的23.47%。鳃盖骨后下方具5个点状灰色色素斑，口裂达眼前部下方。眼大，近圆形，眼径为头长的25.47%。鳔清晰可见。腹囊长圆形，消化道呈筒状。肛门位于身体中后部，肛前距为体长的56.58%。背鳍鳍棘发育中，不明显，背鳍鳍条8条，背鳍鳍条起点至吻端距离为体长的42.90%。臀鳍鳍条发育中，可计数7条；基底具7个点状浅的黑色素斑。尾鳍呈截形。肌节可计数，为10+15。

保存方式：甲醛

DNA条形码序列：

GCTCTAAGCCTACTAATTCGGGCTGAGCTAAGTCAACCCGGGGCTTTACTAGGCGATGAC
CAAATCTACAATGTAATCGTCACAGCCCATGCATTTGTAATGATTTTCTTTATAGTAATACCAATTA
TAATTGGAGGTTTTGGGAACTGACTGATCCCCTTAATGATTGGTGCCCCTGATATGGCTTTCCCG
CGAATAAACAACATAAGCTTCTGGCTCCTTCCCCCCTCATTCCTCCTTCTACTTGCATCATCAGG
GGTTGAAGCCGGGGCTGGTACTGGGTGAACTGTTTACCCTCCGCTAGCAGGCAACCTGGCACA
TGCTGGTGCCTCTGTTGACCTGACAATCTTCTCCCTTCATCTCGCCGGTGTTTCTTCAATTTTGG
GGGCAATTAATTTTATTACTACAATCCTTAATATGAAGCCTCCAGCTATCTCACAATACCAAACCC
CTCTGTTTGTTTGAGCTGTGCTTATCACAGCAGTCCTGCTACTTCTTTCTTTACCTGTTCTTGCTG
CAGGCATCACCATGCTCCTAACAGATCGAAACTTAAACACCACTTTCTTTGACCCAGCAGGAG
GGGGAGACCCTATTCTATACCAAC

>>> 小口拟虾虎鱼 *Pseudogobius masago*（Tomiyama, 1936）

标本号：GDYH499；采集时间：2016–11–20；

采集海域：雷州湾海域，393渔区，20.833°N，110.667°E

中文别名：虾虎鱼

英文名：暂无

形态特征：

该标本为全长7.34 mm、体长6.28 mm的小口拟虾虎鱼仔鱼，处于弯曲后期，身体弯曲，侧扁。头中等大，头长为体长的22.28%；体高为体长的15.76%。口斜位，口裂达眼前部下方，下颌略长于上颌；吻略尖，吻长为头长的21.79%。眼大，近圆形，眼径为头长的24.50%。头部中后方具1个褐色色素斑。腹囊长圆形，肛门位于身体前部，肛前距为体长的46.54%。鳔明显。背鳍发育中，第一背鳍起点至吻端距离为体长的37.90%。臀鳍基底上方具11/12个浅色色素斑，连成一排。尾鳍基底只有体中轴处可见色素。肌节可计数，为10+15。

保存方式：甲醛

DNA条形码序列：

GCTTTAAGCCTTTTAATTCGGGCTGAGTTAAGTCAGCCTGGGGCCTTACTAGGCGACGATC

AGATTTACAATGTAATTGTTACAGCCCATGCGTTTGTAATAATTTTCTTTATAGTAATGCCAATTAT

AATTGGAGGCTTTGGTAACTGACTAATCCCGTTAATAATCGGTGCGCCCGACATGGCCTTCCCCC

GAATAAATAATATGAGCTTCTGACTGCTCCCCCCTTCTTTTCTCCTCCTGCTGGCATCTTCAGGG

GTTGAAGCAGGGGCCGGAACAGGCTGAACTGTTTACCCCCCTCTAGCAGGCAACCTTGCCCAT

GCAGGTGCCTCTGTAGATCTAACAATCTTTTCCCTCCACCTTGCAGGTATCTCCTCTATTCTAGG

GGCTATTAACTTTATTACAACAATTTTAAACATGAAACCCCCAGCTATTTCACAATACCAAACAC

CCCTATTTGTGTGGGCTGTTCTCATTACAGCTGTCCTCCTACTACTATCCCTCCCAGTACTTGCTG

CAGGCATTACCATGCTTCTGACAGACCGTAACCTAAACACCACCTTTTTTGACCCTGCTGGTGG

AGGGGATCCTATTCTTTACCAAC

瓢鳍虾虎鱼属 *Sicyopterus* Gill, 1860

>>> 瓢鳍虾虎鱼 *Sicyopterus* sp.

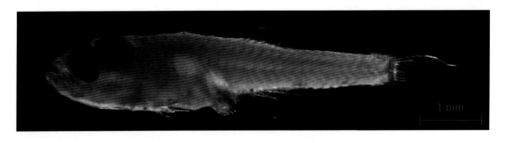

标本号：GDYH1080；采集时间：2017-09-08；

采集海域：珠江口海域，324渔区，22.446°N，113.642°E

中文别名：虾虎鱼

英文名：暂无

形态特征：

该标本为全长6.84 mm、体长5.68 mm的瓢鳍虾虎鱼仔鱼，处于弯曲期，身体修长。头中等大，头长为体长的28.39%，头高为体长的20.90%；体高为体长的22.47%。口斜位，口裂达眼前部下方，下颌略长于上颌；吻略尖，吻长为头长的

22.70%。下颌下方具1个点状黑色素斑。眼大，近圆形，眼径为头长的31.45%。腹囊近桃形，肛门位于身体中部靠后，肛前距为体长的55.33%。鳔明显，前缘具4个浅色色素斑。第一背鳍鳍棘可计数，为6枚；第二背鳍鳍条可计数，为7条。第一背鳍起点至吻端距离为体长的39.43%。臀鳍基底上方具1个点状黑色素斑。肌节可计数，为10+17。

保存方式：甲醛

DNA条形码序列：

GCATTAAGCCTACTAATCCGAGCAGAACTAAGCCAACCAGGCGCCCTCCTGGGAGATGAC
CAGATTTATAATGTGATCGTAACAGCACATGCCTTTGTAATGATTTTCTTTATAGTCATACCAATTA
TAATCGGGGGCTTTGGAAACTGACTGATCCCCCTAATAATTGGTGCCCCGACATGGCCTTCCC
CCGAATAAATAACATAAGCTTTTGACTACTCCCGCCCTCATTCTTGTTACTCCTAGCATCCTCAG
GCGTAGAGGCTGGGGCCGGGACAGGATGAACAGTCTATCCCCCCCTAGCAGGAAACCTCGCCC
ACGCCGGGGCATCCGTAGACTTAACAATCTTTTCCCTCCATTTAGCCGGAATTTCTTCTATCTTG
GGGGCCATTAATTTTATTACGACCATCCTTAATATAAAACCTCCCGCCATCTCCCAGTATCAGAC
CCCTCTGTTTGTTTGAGCAGTACTAATTACAGCAGTCCTCCTTTTACTTTCCCTGCCTGTTCTAGC
AGCCGGAATTACAATACTACTGACAGACCGAAACTTAAACACGACTTTCTTTGACCCCGCAGG
AGGGGGAGACCCCATTCTATACCAAC

枝牙虾虎鱼属 *Stiphodon* Weber, 1895

>>> **多鳞枝牙虾虎鱼** *Stiphodon multisquamus* Wu & Ni, 1986

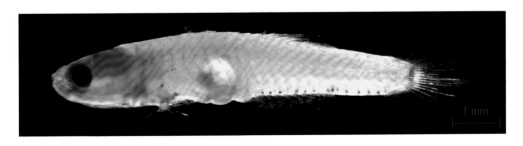

标本号：GDYH1083；采集时间：2017-09-08；

采集海域：珠江口海域，324渔区，22.446°N，113.642°E

中文别名：虾虎鱼

英文名：暂无

形态特征：

该标本为全长8.98 mm、体长7.47 mm的多鳞枝牙虾虎鱼仔鱼，处于弯曲后期，身体梭形。头中等大，头长为体长的25.32%；体高为体长的19.42%。口斜位，口裂达眼中部下方，下颌和上颌约等长；吻钝圆，吻长为头长的19.71%。眼大，近圆形，眼径为头长的24.37%。背鳍鳍棘缺损，不易计数，背鳍鳍条可计数，为10条。鳔明显，肛门位于身体中部靠后，肛前距为体长的54.85%。臀鳍基底上方体腹部往后具14个点状黑色素斑，排成一列。尾鳍呈扇形。肌节可计数，为9/10+14。

保存方式：甲醛

DNA条形码序列：

GCCCTTAGCCTACTAATCCGTGCTGAATTAAGTCAACCTGGTGCCTTACTAGGAGACGACC
AGATTTACAATGTAATTGTAACAGCCCATGCCTTTGTAATAATTTTCTTTATAGTAATACCAATTAT
AATTGGTGGCTTTGGCAACTGATTAATTCCACTAATAATTGGGGCTCCCGATATGGCCTTTCCCC
GAATAAACAACATAAGCTTTTGACTTCTTCCTCCCTCCTTCCTACTTCTCCTTGCATCTTCAGGA
GTTGAGGCAGGGGCCGGTACCGGATGAACTGTCTACCCTCCCTTAGCTGGAAACCTGGCACAT
GCAGGTGCCTCTGTTGACTTAACAATTTTCTCTCTACATCTCGCCGGGATTTCTTCTATTTTAGGT
GCCATTAATTTTATTACAACTATTCTGAATATAAAACCCCCTGCAATTTCACAATACCAGACTCCC
TTGTTTGTTTGAGCCGTTCTAATTACTGCTGTTTTACTACTTCTCTCTCTTCCCGTCCTTGCAGCA
GGCATCACAATGCTATTAACAGATCGAAACCTAAACACAACCTTCTTTGACCCGGCAGGAGGA
GGAGATCCTATTCTTTACCAAC

缟虾虎鱼属 *Tridentiger* Gill, 1859

>>> 裸项缟虾虎鱼 *Tridentiger nudicervicus* Tomiyama, 1934

标本号：GDYH941；采集时间：2017-08-29；

采集海域：雷州湾海域，393渔区，20.667° N，110.500° E

中文别名：虾虎鱼

英文名：暂无

形态特征：

该标本为全长9.70 mm、体长8.41 mm的裸项缟虾虎鱼仔鱼，处于弯曲后期，身体修长。头中等大，头长为体长的29.15%；体高为体长的16.29%。口斜位，口裂达眼中部下方，下颌长于上颌；吻尖，吻长为头长的25.73%。眼大，近圆形，眼径为头长的26.26%。隅角后方具1个点状黑色素斑。腹囊长圆形，前部具1个点状黑色素斑。鳔清晰可见。肛门位于身体中后部，肛前距为体长的55.21%。背鳍基底长占体长的33.38%。臀鳍后方基底具1个点状黑色素斑，臀鳍基底长占体长的24.69%。尾鳍扇形。肌节可计数，为10+16。

保存方式：甲醛

DNA条形码序列：

GCCTTGAGCCTCCTTATTCGAGCCGAGTTAAGCCAACCTGGCTCCCTCTTAGGAGATGATC

AAATCTATAATGTAATCGTTACAGCTCATGCTTTCGTAATAATTTTCTTCATAGTTATACCTGTAAT

AATTGGGGGCTTTGGTAACTGACTCATTCCATTAATGATTGGTGCTCCTGATATAGCCTTCCCAC

GGATAAACAACATAAGCTTTTGACTTCTCCCCCCATCATTTCTACTTCTCCTGGCCTCTTCAGGC
GTAGAAGCTGGAGCAGGGACTGGATGAACTGTTTACCCCCCTCTAGCAAGCAATCTTGCACATT
CAGGCGCCTCTGTAGACTTAACAATTTTTTCCCTTCATCTAGCAGGAATTTCATCCATTCTAGGT
GCCATTAACTTTATTACTACAATTATTAATATGAAACCCCCTGCTGTGTCTCAATACCAAACCCCT
CTATTTGTGTGGGCAGTACTAATTACAGCCGTCCTTCTACTCCTCTCACTCCCTGTCCTTGCTGC
TGGGATTACAATGCTTCTGACAGATCGGAACCTAAATACAACTTTCTTCGACCCTGCTGGTGGA
GGAGACCCTATTCTATACCAAC

孔虾虎鱼属 *Trypauchen* Valenciennes, 1837

>>> 孔虾虎鱼 *Trypauchen vagina*（Bloch & Schneider, 1801）

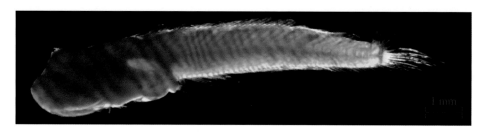

标本号：GDYH977；采集时间：2017-09-07；
采集海域：珠江口海域，324渔区，22.388° N，113.679° E

中文别名：红条、珠笔、赤鲇、红九、虾虎鱼

英文名：Burrowing goby

形态特征：

该标本为全长12.06 mm、体长9.81 mm的孔虾虎鱼仔鱼，处于弯曲后期，身体修长。头中等大，头长为体长的26.33%，头高为体长的20.38%；体高为体长的14.89%。口斜位，下颌和上颌约等长。吻钝圆，吻长为头长的23.80%。眼小，圆形，眼径为头长的15.48%。腹囊桃形，鳔明显，位于腹囊上方。肛门位于身体前部，肛前距为体长的41.85%。背鳍鳍条发达，背鳍起始于鳔上方，第一背鳍起点至

吻端距离为体长的28.99%，背鳍基底长占体长的70.29%。臀鳍发达，臀鳍基底长为体长的58.42%。尾鳍鳍条长，呈矛状。肌节可计数，为9+24。

保存方式：甲醛

DNA条形码序列：

GCTTTAAGCCTTCTTATCCGTGCTGAACTAAGTCAACCAGGGGCTCTCTTAGGGGATGATC
AGATTTACAATGTAATTGTGACAGCCCATGCCTTTGTAATAATTTTCTTTATGGTTATACCCGTCA
TGATTGGGGGATTTGGGAACTGGCTTGTCCCTCTAATAATTGGGGCCCCAGACATGGCCTTCCC
TCGAATGAATAATATAAGTTTTTGACTCCTTCCCCCTTCTTTCCTACTCCTTTTAGCATCCTCAGG
AGTAGAAGCAGGGGCTGGGACAGGGTGGACAGTATACCCCCCACTTGCAGGAAACCTAGCAC
ATGCAGGAGCTTCTGTTGACTTAACCATTTTTTCCCTACATTTAGCAGGGGTTTCTTCAATTCTG
GGGGCCATTAACTTTATCACAACAATTCTAAACATGAAACCTCCTGCCATCTCACAATATCAAAC
CCCTCTCTTTGTATGATCTGTTCTCATTACAGCAGTACTTCTCCTCTTGTCCCTGCCAGTCCTAGC
AGCTGGTATTACAATGCTTCTAACAGATCGAAACTTGAATACAACTTTCTTTGACCCTGCAGGA
GGAGGAGACCCAATCCTTTACCAAC

鳍塘鳢科 Ptereleotridae

鳍塘鳢属 *Ptereleotris* Gill, 1863

>>> 尾纹鳍塘鳢 *Ptereleotris uroditaenia* Randall & Hoese, 1985

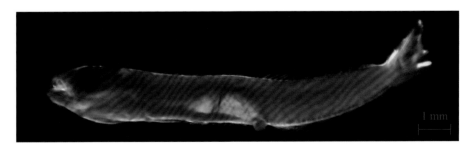

标本号：GDYH844；采集时间：2017-08-29；

采集海域：文昌外海，448渔区，19.967° N，112.067° E

中文别名：塘鳢、虾虎鱼

英文名：Flagtail dartfish

形态特征：

该标本为全长12.76 mm、体长10.77 mm的尾纹鳍塘鳢稚鱼，身体修长。头长为体长的21.67%，体高为体长的14.99%，口前位，吻长为头长的36.78%。眼中等大，圆形，眼径为头长的34.58%。肛门位于身体后部，肛前距为体长的60.06%。鳔二室清晰可见，第一背鳍缺损不可见，第二背鳍前部长为体长的59.90%，第二背鳍基底长比臀鳍基底长。臀鳍基底起始位置在第二背鳍起始位置之后，其基底上方具一列黑色素斑，延伸至尾柄。肌节可计数，为10+16。

保存方式：甲醛

DNA条形码序列：

GCCCTGAGCCTGCTTATTCGAGCGGAACTAAGCCAACCCGGCGCCCTACTAGGGGACGAC
CAGATTTACAACGTAATTGTTACCGCTCACGCCTTCGTAATAATCTTCTTTATAGTAATACCAATC
ATGATTGGAGGGTTCGGAAACTGGCTAATCCCGCTAATGATCGGAGCCCCGGACATGGCCTTCC
CTCGTATGAACAACATGAGCTTCTGACTGCTTCCCCCCTCATTCCTCCTCCTACTCGCCTCCTCT
GGGGTTGAAGCCGGGGCAGGGACAGGGTGAACAGTATACCCGCCCCTAGCCGGAAACCTGGC
CCACGCTGGAGCCTCAGTCGACCTAACAATTTTCTCCCTCCACCTGGCCGGTATTTCCTCGATCT
TAGGAGCAATTAACTTTATTACAACAATTTTAAATATGAAACCCCCGGCTATTTCACAATATCAG
ACGCCCCTTTTCGTATGGGCAGTCCTGATTACTGCCGTACTTCTACTTCTTTCCCTTCCCGTTCTA
GCTGCGGGTATCACAATACTTCTCACTGATCGAAACTTAAACACGACATTCTTCGACCCAGCTG
GAGGGGGTGACCCGATTCTGTACCAAC

金钱鱼科 Scatophagidae

金钱鱼属 *Scatophagus* Cuvier, 1831

>>> 金钱鱼 *Scatophagus argus*（Linnaeus, 1766）

标本号：XWZ101；采集时间：2013-10-14；

采集海域：徐闻角尾海域，418渔区，20.225° N，109.994° E

中文别名：金鼓

英文名：Spotted scat

形态特征：

　　该标本为全长15.96 mm、体长12.48 mm的金钱鱼稚鱼，身体扁圆，全身披硬甲。头大，头长为体长的47.98%，头高为体长的54.11%；体高为体长的60.57%。口小，前位，吻长为头长的25.37%。眼大，圆形，眼径为头长的35.14%。头部硬，偏红色。鳃盖骨上具1枚粗壮强棘，长度为头长的32.57%。背鳍鳍棘10枚，由鳍膜相连，第一背鳍起点到吻端距离为体长的51.30%，第一背鳍基底长为体长的25.50%，第一背鳍和第二背鳍基底为红色。腹鳍红色，腹鳍鳍棘强大。臀鳍基底长为体长的18.00%。肛门位于身体后部，肛前距为体长的68.06%。肌节不可计数。

保存方式：甲醛

DNA条形码序列：

GGTGCCTGAGCAGGGATAGTTGGGACAGCTTTAAGTCTCCTTATCCGTGCTGAACTAAGC
CAACCAGGGGCTCTCCTTGGAGACGACCAGATCTATAATGTAATCGTAACAGCACATGCCTTCG
TAATAATTTTCTTTATAGTTATGCCAGTAATAATTGGAGGGTTTGGAAATTGACTAGTTCCCCTAA
TGATTGGGGCACCAGATATAGCATTCCCCCGAATAAATAATATAAGCTTCTGACTTCTTCCCCCTT
CTTTCCTTCTTCTTCTAGCTTCCTCTGGCGTAGAGGCCGGAGCTGGGACAGGATGAACAGTATA
CCCTCCTCTTGCTGGTAACCTAGCACATGCAGGAGCCTCCGTAGATCTAACCATCTTTTCACTTC
ACTTAGCAGGGATTTCTTCAATCCTTGGGGCTATTAACTTCATCACCACTATTATTAACATAAAAT
CTCCTGCTGCTTCTCAGTATCAAACTCCTCTATTCGTCTGAGCAGTTCTAATCACTGCTGTCTTA
CTACTCCTTTCTCTACCTGTTCTTGCTGCTGGTATTACAATGCTCCTAACAGACCGAAACCTGAA
CACCTCTTTCTTTGACCCCGCAGGAGGAGGAGACCCAATTCTTTACCAACATCTATTC

鲹科 Sphyraenidae

鲹属 *Sphyraena* Artedi, 1793

>>> 日本鲹 *Sphyraena japonica* Bloch & Schneider, 1801

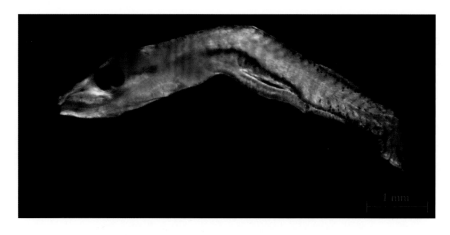

标本号：GDYH33；采集时间：2015-04-20；

采集海域：南海北部陆棚区海域，427渔区，20.250°N，114.083°E

中文别名：竹梭、竹针

英文名：Japanese barracuda

形态特征：

该标本为全长5.84 mm、体长5.75 mm的日本舒仔鱼，处于弯曲期，身体梭形。头较长，头长为体长的31.11%，头高为体长的17.99%；体高为体长的14.95%。口前位，口裂达眼前部下方；吻似管状，吻长为头长的36.93%。眼中等大，近圆形，眼径为头长的29.39%。脑上部零星分布几个点状黑色素斑。消化道狭长，肛门开口于身体后部，肛前距为体长的81.72%。消化道上方有1条明显的黑色素带。背鳍鳍褶明显，背鳍发育中，基底处有数个点状黑色素斑分布。臀鳍、尾鳍发育中；尾鳍基底处分布多个点状黑色素斑。肌节可计数，为26。

保存方式：甲醛

DNA条形码序列：

GCACTAAGCCTACTCATTCGAGCTGAGCTAAGCCAACCAGGCTCTCTTCTAGGAGACGAT
CAGATTTATAATGTAATCGTAACAGCACATGCATTCGTAATAATCTTTTTTATGGTGATGCCAATTA
TGATTGGAGGTTTCGGAAACTGACTCATTCCTCTGATAATTGGTGCCCCCGACATGGCCTTCCC
ACGAATAAACAACATGAGTTTCTGACTCCTCCCTCCGTCTTTTCTCCTGCTGCTTTCTTCCTCAG
CAGTCGAAGCAGGTGCAGGTACAGGATGAACAGTTTACCCCCCTCTATCAGCAAACCTAGCCC
ACGCAGGAGCATCCGTTGATCTTACGATCTTTTCCCTCCACCTTGCTGGTATCTCCTCAATTTTA
GGAGCCATTAACTTTATTACCACAATCGTTAATATGAAGCCAGCAATCACTTCGATATACCAAAT
TCCCCTGTTTGTCTGAGCCGTCCTTATCACCGCTGTTCTCCTCCTCCTCTCACTCCCTGTCTTGG
CTGCCGGAATTACAATACTTTTGACTGACCGAAACCTAAATACTGCCTTTTTTGACCCCGCAGG
AGGAGGAGACCCCATCTTGTACCAGC

带鱼科 Trichiuridae

沙带鱼属 *Lepturacanthus* Fowler, 1905

>>> 沙带鱼 *Lepturacanthus savala*（Cuvier, 1829）

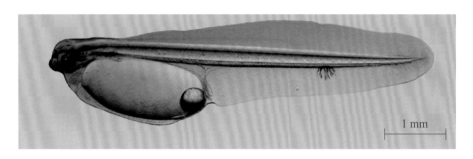

标本号：GDYH14015；采集时间：2020-08-05；

采集海域：徐闻角尾海域，418渔区，20.225° N，109.994°E

中文别名：带丝

英文名：Savalai hairtail

形态特征：

该标本为经鱼卵孵化的沙带鱼卵黄囊期仔鱼，全长6.37 mm、脊索长6.22 mm。体高为脊索长的5.71%；头长为脊索长的6.74%，头高为脊索长的8.99%。口小，口裂尚未形成。眼大，近圆形，眼径为头长的77.09%。肛门位于身体中前部，肛前距为体长的43.60%。卵黄囊呈宽椭圆形，卵黄囊长径2.01 mm，占脊索长的32.35%；油球后位，位于肛门前，油球直径0.38 mm，占卵黄囊长径的18.89%。背鳍鳍褶从卵黄囊约30%位置开始，向体后发育，在身体中后部达到最宽。肌节尚未出现，从头部至尾索前呈现为凹槽状。在脊索长约72.03%处腹鳍褶上具有1个大型辐射状黑色素斑，枝状散开。肌节不可计数。

保存方式：活体

DNA条形码序列：

CTTTACTTAGTATTTGGTGCATGAGCCGGAATAGTAGGCACAGCTTTAAGCCTTCTTATCCG
AGCAGAACTGAGCCAACCAGGCTCCCTCCTGGGAGACGACCAAATTTATAATGTAATTGTTACA
GCTCATGCTTTCGTAATAATTTTCTTTATAGTCATGCCAGTCATGATTGGAGGGTTTGGAAACTG
ACTCATCCCCTTAATGATTGGGGCCCCTGACATAGCCTTCCCACGAATAAACAACATAAGCTTCT
GACTTCTACCCCCCTCTTTTCTTCTTCTGCTAGCCTCCTCTGGGGTTGAAGCAGGCGCCGGAAC
TGGCTGAACAGTGTACCCCCCACTAGCCGGCAACCTGGCTCACGCAGGAGCATCAGTTGACCT
GACCATTTTTTCACTCCACTTAGCAGGAATTTCCTCCATCCTAGGGGCCATTAATTTTATTACAAC
TATTCTTAATATAAAACCTGCAGCCATCACCCAATTCCAAACCCCCCTGTTTGTCTGATCAGTCT
TAATTACAGCCGTCCTTCTACTTCTATCCCTCCCAGTTCTAGCGGCTGGTATTACGATACTCCTGA
CCGACCGCAATTTGAATACCACATTCTTTGACCCCGCAGGAGGAGGAGACCCTATTCTATACCA
ACACTTATT

带鱼属 *Trichiurus* Linnaeus, 1758

>>> 日本带鱼 *Trichiurus japonicus* Temminck & Schlegel, 1844

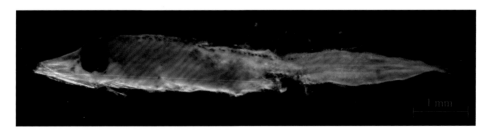

标本号：DSZ87；采集时间：2015-04-23；
采集海域：汕尾外海，348渔区，21.750°N，115.750°E

中文别名：带鱼、裙带、牙带、白带、油带

英文名：Hairtail

形态特征：

该标本为全长7.74 mm、体长为7.34 mm的日本带鱼仔鱼，处于弯曲期，身体侧扁、延长，尾尖、细长。吻尖而突出，似管状，口裂至眼前缘下方，前鳃盖骨具4个小棘，吻长为头长的11.74%。眼大，圆形，眼径为头长的25.32%。鳍条开始出现，由于拖曳破损，不可计数。眼前缘有零星黑色素斑出现，从眼上缘开始沿着背鳍基底在体背部分布有一列黑色素斑，延伸至身体中后部。肛门位置由于拖曳破损不可确定，肌节不可计数。

保存方式：甲醛

DNA条形码序列：

GCCCTAAGCCTTCTAATCCGAGCAGAACTAAGTCAACCAGGCTCCCTCCTAGGAGATGAC
CAAATTTATAATGTCATCGTTACAGCCCATGCCTTCGTAATAATCTTCTTTATAGTAATGCCAATTA
TGATCGGAGGATTTGGAAACTGGCTTATCCCCCTAATGATCGGGGCCCCCGACATGGCCTTCCC
CCGAATAAATAATATGAGCTTCTGACTTCTACCCCCCTCCTTTCTCCTTCTCCTAGCCTCCTCCGC
AGTTGAAGCAGGGGCCGGAACTGGTTGAACGGTTTATCCCCCACTAGCTGGGAATCTAGCACA
CGCAGGCGCATCAGTTGACTTAACCATTTTTTCCCTCCACTTGGCAGGAATCTCTTCCATCTTGG
GCGCCATTAACTTTATTACAACCATTCTAAACATGAAACCTGCGGCCATCACCCAGTTTCAAAC
CCCTCTGTTCGTCTGATCTGTTCTAATTACAGCTGTCCTCCTACTTCTTTCCCTCCCAGTTCTTGC
AGCTGGAATTACAATACTCCTAACTGACCGAAATCTTAACACTACCTTCTTTGACCCCGCAGGA
GGAGGAGACCCAATCCTGTACCAAC

>>> **短带鱼** *Trichiurus brevis* Wang & You, 1992

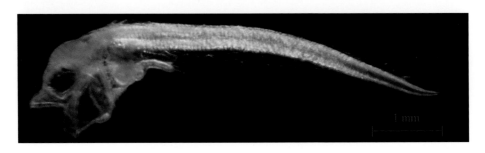

标本号：BBWZ127；采集时间：2014-02-22；

采集海域：北部湾中部海域，465渔区，19.285°N，107.330°E

中文别名：小带鱼、白带

英文名：Chinese short-tailed hairtail

形态特征：

该标本为全长5.98 mm、脊索长5.94 mm的短带鱼仔鱼，处于弯曲前期，身体细、修长。体高为脊索长的7.55%；头长为脊索长的20.67%，头高为脊索长的18.99%。口大，口裂达眼中部下方。吻端尚未发育正常，吻长为头长的29.67%。眼中等大，圆形，眼径为头长的39.69%。肛门位于身体前部，肛前距为脊索长的36.62%。背鳍鳍褶完整，鳍条尚未发育。臀鳍鳍褶完整，经尾索末端与背鳍鳍褶连在一起。肌节不可计数。

保存方式：甲醛

DNA条形码序列：

GCCTTAAGCCTTCTCATCCGAGCAGAACTTAGCCAACCAGGCTCCCTCCTGGGGGACGAT
CAAATCTACAACGTAATCGTCACGGCCCACGCCTTTGTAATAATTTTCTTCATGGTTATACCAATT
ATGATTGGTGGCTTTGGAAACTGACTAATCCCCCTAATAATTGGGGCCCCAGATATAGCTTTTCC
CCGAATAAACAACATAAGCTTCTGACTTCTACCCCCCTCCTTCCTCCTACTACTGGCTTCTTCCG
GGGTTGAAACGGGAGCCGGAACTGGATGAACAGTCTACCCCCCATTAGCCAGCAACCTGGCA
CACGCAGGTGCATCCGTTGACTTAACTATCTTTTCTCTTCACTTGGCAGGAATTTCCTCCATTCT
AGGCGCCATTAACTTTATTACAACCATTCTAAACATGAAACCTGCAGCTATTACCCAGTTTCAAA
CACCTCTCTTCGTCTGGTCTGTCCTAATTACAGCTGTTCTTCTACTTCTATCCCTGCCGGTCCTTG
CAGCTGGAATTACAATGCTTTTGACCGACCGCAATCTCAACACTACATTCTTTGACCCCGCAGG
AGGAGGAGACCCAATCCTGTACCAGC

鲭科 Scombridae

刺鲅属 *Acanthocybium* Gill, 1862

>>> 沙氏刺鲅 *Acanthocybium solandri*（Cuvier, 1832）

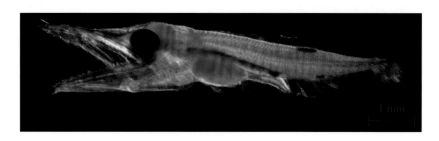

标本号：GDYH113；采集时间：2015-04-18；

采集海域：文昌外海，448渔区，19.750°N，112.250°E

中文别名：巴浪、山鲐鱼、黄占、大目鲭、竹签

英文名：Wahoo

形态特征：

该标本为全长8.30 mm、脊索长7.62 mm的沙氏刺鲅仔鱼，处于弯曲前期，身体修长，呈长梭形。头较长，头长为脊索长的48.81%，头高为脊索长的19.63%；体高为脊索长的16.27%。口裂深，口裂至眼中部下方；上、下颌均具有锯状牙齿，上颌长于下颌，吻长为头长的57.54%。眼大，近圆形，眼径为头长的18.23%。腹囊细而窄，消化道直线型，延伸至肛门。肛门位于身体后部，肛前距为脊索长的73.75%。腹囊上方具有一带状的黑色素丛。背鳍鳍褶较宽，薄而透明，背鳍基底有1个块状黑色素斑，约跨8个肌节。臀鳍鳍褶较宽，薄而透明，臀鳍基底上方具有一大一小2个黑色素斑。肌节可计数，为24+28/29。

保存方式：甲醛

DNA条形码序列：

GCCTTAAGCCTGCTCATCCGAGCTGAGCTAAGCCAACCAGGTGCCCTTCTTGGGGACGAC

CAGATCTACAATGTAATTGTTACGGCTCACGCCTTCGTAATAATTTTCTTTATAGTAATGCCAATT
ATGATTGGAGGTTTCGGAAACTGACTCATCCCTCTAATGATTGGAGCCCCAGACATAGCATTCC
CCCGAATAAACAACATGAGCTTCTGACTCTTACCTCCTTCATTCCTTCTGCTCCTAGCCTCTTCT
GGGGTCGAAGCTGGTGCCGGAACTGGATGAACAGTATACCCCCCTCTCGCCGGTAACCTAGCC
CACGCTGGAGCGTCAGTTGACTTAACCATTTTCTCCCTGCACTTAGCAGGTGTTTCCTCAATCCT
CGGGGCAATTAACTTCATTACAACAATTATTAATATGAAACCCGCAGCTATTTCTCAGTACCAGA
CGCCCCTATTTGTATGAGCCGTCCTAATTACTGCCGTTCTACTTCTACTTTCACTACCAGTCCTTG
CCGCCGGCATTACAATGCTTCTTACGGACCGAAACCTAAATACAACCTTTTTCGACCCCGCAGG
AGGAGGTGACCCAATCCTTTACCAAC

舵鲣属 *Auxis* Cuvier, 1829

>>> **双鳍舵鲣** *Auxis rochei rochei*（Risso, 1810）

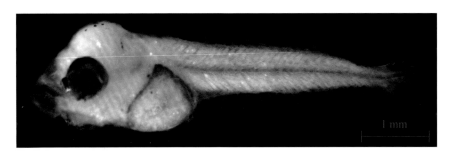

标本号：DS70；采集时间：2013-05-06；
采集海域：东沙群岛西北侧海域，375渔区，21.210°N，115.770°E

中文别名：小炮弹鱼、圆花鲣、烟仔鱼、花烟

英文名：Bullet tuna

形态特征：

该标本为全长5.90 mm、脊索长5.70 mm的双鳍舵鲣仔鱼，处于弯曲前期，身体纺锤形。头大，头长为脊索长的33.51%，头高为脊索长的27.27%；体高为脊索长

的24.54%。口前位，口裂达眼前部下方；吻尖、略突，下颌略长于上颌，吻长为头长的31.52%。眼大，圆形，眼径为头长的32.57%。前鳃盖骨棘4枚。腹囊三角形，左右边缘被密集的带状黑色素斑覆盖。肛门位于身体中前部，肛前距为脊索长的42.92%。颅顶具1个梅花状黑色素斑和3个点状黑色素斑。尾柄上缘有1个黑色素斑，下缘有5个黑色素斑。背鳍和臀鳍鳍褶薄而透明，背鳍原基和臀鳍原基还没出现。肌节可计数，为10+28。

保存方式：甲醛

DNA条形码序列：

GCCTTAAGCTTGCTCATCCGAGCTGAACTAAGCCAACCAGGTGCCCTTCTTGGGGACGAC
CAGATCTACAATGTAATCGTTACGGCCCATGCCTTCGTAATGATTTTCTTTATAGTAATGCCAATT
ATGATTGGAGGGTTCGGAAACTGACTCATCCCTCTAATGATCGGAGCTCCAGATATGGCATTCCC
ACGAATGAACAATATGAGCTTCTGACTTCTTCCTCCTTCTTTCCTTCTGCTATTAGCTTCTTCAGG
AGTTGAAGCTGGTGCCGGAACCGGTTGAACAGTTTACCCGCCCCTTGCTGGTAACCTAGCCCA
CGCCGGGGCATCTGTTGACTTAACCATTTTCTCCCTCCACCTAGCAGGTGTGTCCTCAATTCTTG
GGGCTATCAATTTCATTACAACAATTATTAATATGAAACCTGCCGCTATTTCCCAATACCAAACTC
CCCTGTTTGTATGAGCCGTTCTAATTACAGCTGTCCTTCTCCTTCTATCACTCCCAGTTCTTGCCG
CTGGCATTACAATGCTCCTAACAGACCGAAACCTAAATACAACCTTCTTCGACCCTGCAGGAGG
GGGAGACCCAATTCTTTACCAAC

>>> 扁舵鲣 *Auxis thazard thazard* （ Lacepède, 1800 ）

标本号：GDYH227；采集时间：2015-05-06；

采集海域：文昌外海，449渔区，19.537° N，112.730° E

中文别名：炮弹鱼

英文名：Frigate tuna

形态特征：

该标本为全长6.01 mm、体长5.41 mm的扁舵鲣仔鱼，处于弯曲期，身体纺锤形。头大，头长为体长的35.42%，头高为体长的30.55%；体高为体长的22.73%。口斜位，下颌略长于上颌，口裂至眼中部下方；吻长为头长的35.82%。眼大，近圆形，眼径为头长的35.40%。腹囊桃形，左右侧和上方被浓密黑色素带所环绕。肛门位于身体中部略靠前，肛前距为体长的47.18%。颅顶具7个大小不一的梅花状黑色素斑。前鳃盖棘为强棘。肌节可计数，为5+30。

保存方式：甲醛

DNA条形码序列：

GCCCTAAGCTTGCTCATCCGAGCTGAACTAAGCCAACCAGGTGCCCTTCTCGGGGACGAC
CAAATCTACAATGTAATCGTTACGGCCCATGCCTTCGTAATGATTTTCTTTATAGTAATGCCAATT
ATGATTGGAGGGTTCGGAAACTGACTCATCCCTCTAATGATCGGAGCTCCAGACATGGCATTCC
CACGAATGAACAACATGAGCTTCTGACTTCTCCCTCCTTCTTTCCTTCTACTACTAGCTTCTTCA
GGAGTTGAAGCTGGTGCCGGAACCGGTTGAACAGTTTACCCGCCCCTTGCTGGTAATCTAGCC
CACGCCGGGGCATCCGTTGACTTAACTATTTTCTCCCTCCACCTAGCAGGTGTATCCTCAATTCT
TGGGGCTATTAATTTCATTACAACAATTATTAACATGAAACCTGCCGCTATTTCCCAATACCAAAC
TCCCCTGTTTGTGTGGGCCGTTCTAATTACAGCCGTCCTTCTCCTTCTATCACTCCCAGTTCTTGC
CGCTGGCATTACAATGCTCCTAACAGACCGAAACCTAAATACAACCTTCTTCGACCCTGCAGGA
GGGGGAGACCCAATTCTTTACCAAC

鲣属 *Katsuwonus* Kishinouye, 1915

>>> 鲣 *Katsuwonus pelamis*（Linnaeus, 1758）

标本号：GDYH24；采集时间：2015-04-17；
采集海域：文昌外海，470渔区，19.250°N，111.750°E

中文别名：炮弹鱼、烟仔、小串、柴鱼

英文名：Skipjack tuna

形态特征：

该标本为全长9.02 mm、体长8.06 mm的鲣仔鱼，处于弯曲期，身体纺锤形。头大，头长为体长的40.58%，头高为体长的34.31%；体高为体长的30.05%。口前位，口裂达眼中部下方；吻显著尖突，吻长为头长的37.02%。上、下颌约等长，上、下颌各具牙齿9~11个[①]。鼻孔椭圆形。眼大，近圆形，眼径为头长的46.41%。前鳃盖骨有棘5枚，中间棘最大。颅顶具20个以上梅花状黑色素斑，连成一片。腹囊三角形，上部被连成片状的黑色素斑所覆盖。肛门位于身体中后部，肛前距为体长的57.17%。第一背鳍鳍棘可计数，为7枚，鳍条不可计数，第一背鳍起点至吻端距离为体长的43.28%。腹鳍、臀鳍尚在发育中；尾鳍呈叉形。肌节可计数，为10+28/29。

---

① 仔稚鱼处于动态发育，牙齿正在发育，计数有浮动。

保存方式：甲醛

DNA条形码序列：

GCCTTAAGCTTGCTCATCCGAGCTGAACTAAGCCAACCAGGTGCCCTTCTTGGGGACGAC
CAGATCTACAATGTAATCGTTACGGCCCATGCCTTCGTAATGATTTTCTTTATAGTAATGCCAATT
ATGATTGGAGGGTTTGGAAACTGACTCATCCCTCTAATGATCGGGGCTCCAGACATGGCATTCC
CTCGAATGAACAACATGAGCTTCTGACTTCTTCCTCCATCTTTCCTTCTACTACTAGCTTCTTCA
GGAGTTGAAGCTGGTGCTGGAACAGGTTGAACAGTTTACCCTCCCCTTGCCGGTAACCTGGCT
CACGCCGGAGCATCTGTTGACCTAACTATTTTCTCTCTACATCTTGCAGGTGTTTCTTCAATTCTT
GGAGCAATTAATTTTATTACAACAATTATTAACATGAAACCTGCCGCTATCTCCCAATACCAAAC
TCCTCTGTTCGTATGAGCCGTCCTAATTACAGCTGTCCTTCTTCTTCTGTCACTTCCAGTTCTTGC
CGCTGGCATTACAATGCTTCTGACAGACCGAAACCTGAATACAACCTTCTTCGACCCTGCAGGT
GGAGGAGACCCAATTCTTTACCAAC

羽鳃鲐属 *Rastrelliger* Jordan & Starks, 1908

>>> 羽鳃鲐 *Rastrelliger kanagurta*（Cuvier, 1816）

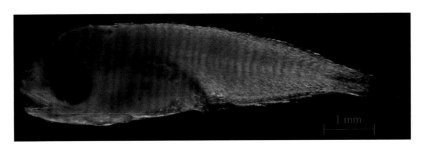

标本号：BBWZ294；采集时间：2014-04-22；
采集海域：北部湾湾口海域，556渔区，17.286° N，108.270° E

中文别名：花鱼

英文名：Indian mackerel

形态特征：

该标本为全长7.91 mm、体长7.10 mm的羽鳃鲐仔鱼，处于弯曲期，身体修长。头长为体长的33.21%，体高为体长的27.64%。口前位，上颌略长于下颌，吻长为头长的25.70%；口裂至眼前缘下方。眼大，圆形，眼径为头长的38.51%。颅顶具1个大型梅花状黑色素斑和4个点状黑色素斑。脑后的肩带缝合部具2～4个黑色素斑。腹囊三角形，其上缘具3个梅花状黑色素斑，上缘具1条黑色素带。肛门位于身体中部略靠后，肛前距为体长的52.46%。背鳍鳍褶明显，尚在退化中，背鳍基底已开始发育。臀鳍鳍褶退化明显，臀鳍基底明显，其上具5/6个点状黑色素斑。肌节可计数，为10+20/21。

保存方式：甲醛

DNA条形码序列：

GCCTTAAGCCTGCTTATCCGAGCTGAACTAAGCCAACCAGGGTCCCTCTTAGGCGACGAC
CAAATCTACAATGTAATCGTTACGGCCCATGCCTTTGTAATGATTTTCTTTATAGTAATGCCAATC
ATGATTGGAGGATTTGGAAACTGACTTATCCCCCTAATGATTGGGGCGCCAGATATGGCGTTCC
CTCGAATGAACAACATAAGCTTTTGACTCCTTCCCCCCTCTTTCCTTCTGCTTCTTGCCTCATCT
GGAGTTGAAGCAGGGGCCGGCACTGGTTGAACAGTCTACCTCCTCTGGCCAGCAACTTAGCC
CATGCCGGAGCGTCTGTTGATCTTACCATCTTCTCCCTTCACTTAGCAGGTGTTTCCTCTATTCTT
GGTGCTATTAACTTCATCACCACAATTATTAACATGAAACCTGCAGCCACATCCCAGTATCAGAC
ACCCCTGTTCGTCTGAGCAGTCCTAATTACAGCTGTTCTTCTGCTCCTGTCACTCCCAGTCCTTG
CTGCTGGGATCACAATGCTCCTAACGGACCGAAATCTTAACACTACATTCTTTGACCCCGCAGG
AGGAGGAGACCCAATCCTCTACCAGC

金枪鱼属 *Thunnus* South, 1845

>>> **黄鳍金枪鱼** *Thunnus albacares*（Bonnaterre, 1788）

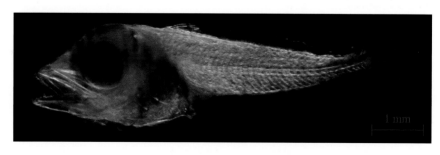

标本号：DSZ15；采集时间：2014-04-25；
采集海域：东沙群岛西南海域，430渔区，20.234° N，115.788° E

中文别名：金枪鱼、黄鳍鲔

英文名：Yellowfin tuna

形态特征：

该标本为全长7.41 mm、体长6.57 mm的黄鳍金枪鱼仔鱼，处于弯曲期，身体纺锤形。头大，头长为体长的38.95%，头高为体长的30.01%；体高为体长的23.86%。口斜位，口裂至眼中部下方，下颌略长于上颌，吻长为头长的37.61%。上、下颌具牙，上颌具尖牙8个，下颌具牙7个，前端牙呈犬齿状。眼大，圆形，眼径为头长的38.35%。前鳃盖骨具棘5枚，以中间棘最大。腹囊近三角形，其上部被连成片状的黑色素斑覆盖。肛门位于身体中部略靠前，肛前距为体长的48.76%。颅顶上方具数个梅花状黑色素斑，连成片状。背鳍鳍褶明显，正在退化中。第一背鳍鳍棘开始发育，可计数为5条；第二背鳍基底发育中；第一背鳍起点至吻端距离为体长的39.53%。臀鳍鳍褶明显，臀鳍基底尚未出现。肌节可计数，为5+33。

保存方式：甲醛

DNA条形码序列：

GCCTTAAGCTTGCTCATCCGAGCTGAACTAAGCCAACCAGGTGCCCTTCTTGGGGACGAC
CAGATCTACAATGTAATCGTTACGGCCCATGCCTTCGTAATGATTTTCTTTATAGTAATACCAATT
ATGATTGGAGGATTTGGAAACTGACTTATTCCTCTAATGATCGGAGCCCCCGACATGGCATTCCC
ACGAATGAACAACATGAGCTTCTGACTCCTTCCCCCTCTTTCCTTCTGCTCCTAGCTTCTTCAG
GAGTTGAGGCTGGAGCCGGAACCGGTTGAACAGTCTACCCACCCCTTGCCGGCAACCTGGCCC
ACGCAGGGGCATCAGTTGACCTAACTATTTTCTCACTTCACTTAGCAGGGGTTTCCTCAATTCTT
GGGGCAATTAACTTCATCACAACAATTATCAATATGAAACCTGCAGCTATTTCTCAGTATCAAAC
ACCACTGTTTGTATGAGCTGTACTAATTACAGCTGTTCTTCTCCTACTTTCCCTTCCAGTCCTTGC
CGCTGGTATTACAATGCTCCTTACAGACCGAAACCTAAATACAACCTTCTTCGACCCTGCAGGA
GGGGGAGACCCAATCCTTTACCAAC

>>> 青干金枪鱼 *Thunnus tonggol*（Bleeker, 1851）

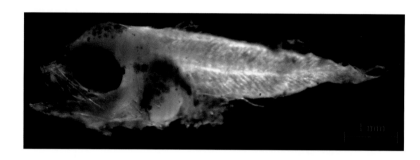

标本号：NSZ2；采集时间：2014–03–27；
采集海域：巽他陆架区海域，5.071° N，110.152° E

中文别名：青干、炮弹鱼

英文名：Longtail tuna

形态特征：

该标本为全长6.91 mm、体长5.89 mm的青干金枪鱼仔鱼，处于弯曲期，身体纺锤形。头大，头长为体长的39.62%，头高为体长的35.17%；体高为体长的26.81%。口斜位，下颌长于上颌，口裂至眼中部下方，吻长为头长的35.71%。眼大，近圆形，眼径为头长的42.52%。眼后方肩带缝合部具1个大型梅花状黑色素斑。颅顶部具多个梅花状黑色素斑。腹囊近三角形，其上具多个梅花状黑色素斑，腹囊顶部至右侧具1条黑色素带。肛门位于身体中后部，肛前距为体长的57.68%。肌节可计数，为6+26。

保存方式：甲醛

DNA条形码序列：

GCCTTAAGCTTGCTCATCCGAGCTGAACTAAGCCAACCAGGTGCCCTTCTTGGGGACGAC
CAGATCTACAATGTAATCGTTACGGCCCATGCCTTCGTAATGATTTTCTTTATAGTAATACCAATT
ATGATTGGAGGATTTGGAAACTGACTTATTCCTCTAATGATCGGAGCCCCCGACATGGCATTCCC
ACGAATGAACAACATGAGCTTCTGACTTCTTCCCCCCTCTTTCCTTCTGCTCCTAGCTTCTTCAG
GAGTTGAGGCTGGAGCCGGAACCGGTTGAACAGTCTACCCTCCCCTTGCCGGCAACCTGGCCC

ACGCAGGGGCATCAGTTGACCTAACTATTTTCTCACTTCACTTAGCAGGGGTTTCCTCAATTCTT
GGGGCAATTAACTTCATCACAACAATTATCAATATGAAACCTGCAGCTATTTCTCAGTATCAAAC
ACCACTGTTTGTATGAGCTGTACTAATTACAGCTGTTCTTCTCCTACTTTCCCTTCCAGTCCTTGC
CGCTGGTATTACAATGCTCCTTACAGACCGAAACCTAAATACAACCTTCTTCGACCCTGCAGGA
GGGGGAGACCCAATCCTTTACCAAC

旗鱼科 Istiophoridae

枪鱼属 *Makaira* Lacepède, 1802

>>> 大西洋蓝枪鱼 *Makaira nigricans* Lacepède, 1802

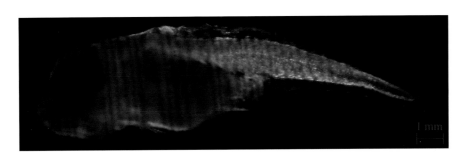

标本号：GDYH900；采集时间：2017-08-30；

采集海域：琼东海域，446渔区，19.617° N，111.433° E

中文别名：旗鱼、剑鱼

英文名：Blue marlin

形态特征：

该标本为全长14.73 mm、脊索长14.05 mm的大西洋蓝枪鱼仔鱼，处于弯曲前期，身体纺锤形，头胸部宽，肛门后狭窄。头长为脊索长的28.65%，头高为脊索长的25.96%；体高为脊索长的15.38%。口前位，口裂达眼部下方；吻长为头长的20.81%。眼大，近圆形，眼径为头长的48.99%。颅顶具3个点状黑色素斑，靠近尾部臀鳍基底上具3个点状黑色素斑。背鳍鳍褶明显，背鳍基底尚未发育。第一背鳍起点至吻端距离为脊索长的37.11%。腹囊呈长椭圆形，腹囊上方具7/8个黑色素斑。肛门位于身体中后部，肛前距为脊索长的62.69%。臀鳍鳍褶薄而透明，臀鳍基底尚未发育。肌节可计数，为12+20。

保存方式：甲醛

DNA条形码序列：

GCCCTGAGCCTTCTAATTCGAGCTGAACTTAGCCAACCTGGCGCTTTACTAGGCGATGATC
AAATTTATAACGTAATCGTTACAGCCCACGCCTTCGTAATAATCTTCTTTATAGTAATGCCAATTAT
GATTGGAGGTTTCGGAAACTGACTGATTCCTCTAATGATCGGAGCCCCAGACATGGCCTTCCCT
CGAATAAACAACATGAGCTTTTGACTGCTCCCTCCCTCATTCCTTCTTCTCCTCGCCTCCTCCGG
AGTTGAAGCCGGGGCCGGCACAGGGTGAACCGTTTACCCGCCTCTAGCAGGTAACCTAGCCCA
CGCAGGAGCATCTGTTGACCTAACTATTTTTTCCCTCCATCTAGCTGGTATTTCCTCCATCTTAGG
AGCTATCAACTTTATTACTACCATCATTAACATGAAACCAGCTGCCGTTTCAATGTACCAAATCC
CCCTATTCGTCTGAGCAGTACTGATTACAGCTGTCCTTCTACTCCTTTCTCTGCCCGTCCTAGCT
GCTGGGATCACAATGCTTCTCACGGATCGCAATCTTAACACTGCCTTCTTCGACCCAGCAGGGG
GTGGTGACCCAATCCTTTATCAAC

> 双鳍鲳科 Nomeidae
> 方头鲳属 *Cubiceps* Lowe, 1843

>>> **怀氏方头鲳** *Cubiceps whiteleggii* （Waite, 1894）

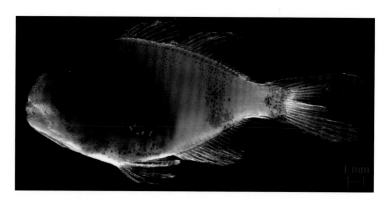

标本号：DSZ56；采集时间：2014-04-25；
采集海域：南海北部海域，401渔区，20.752°N，114.749°E

中文别名：肉鲳

英文名：Shadow driftfish

形态特征：

该标本为全长23.03 mm、体长17.41 mm的怀氏方头鲳稚鱼，身体侧扁，长椭圆形。头大，头长为体长的30.58%，头高为体长的38.01%；体高为体长的50.00%。口斜位，口裂达眼前部下方，上颌和下颌约等长；吻钝圆，吻长为头长的33.70%。眼大，圆形，眼径为头长的56.89%。从吻端到头部布满小点状黑色素斑。鳃盖骨上布满菊花状黑色素斑。鳃盖骨后方到第一背鳍下方身上布满点状黑色素斑。腹囊长圆形，其上布满点状和菊花状黑色素斑。肛门位于身体中部靠后，肛前距为体长的58.95%。第一背鳍具棘9枚，第一背鳍起点至吻端距离为体长的35.47%；第一背鳍基底下方至腹囊密布点状黑色素斑。第二背鳍具棘1枚、鳍条20条。第二背鳍下方的背部布满点状黑色素斑，体中轴下方则为菊花状黑色素丛。腹鳍鳍条发达，延伸至臀鳍第二鳍条；臀鳍鳍棘3枚、鳍条20条。尾鳍叉形，尾鳍基底具数个小点状黑色素斑。肛前肌节不可计数，肛后肌节可计数，为16。

保存方式：甲醛

DNA条形码序列：

GCCTTAAGCCTGCTCATCCGAGCTGAACTAAACCAACCAGGCGCCCTCCTTGGGGATGAC
CAGATCTACAATGTAATTGTTACAGCACACGCTTTCGTAATAATTTTCTTTATAGTAATACCAATT
ATGATTGGAGGATTTGGAAACTGGCTCATTCCACTAATGATTGGAGCCCCAGACATAGCATTCC
CCCGAATGAACAACATAAGCTTTTGACTACTCCCCCCTTCATTCCTCCTACTTCTAGCTTCCTCT
GGAGTTGAAGCTGGTGCCGGAACTGGATGAACTGTTTATCCTCCCCTAGCCGGCAACCTGGCC
CACGCCGGAGCATCAGTTGACCTAACTATTTTCTCCCTCCATTTAGCAGGGGTTTCCTCAATCCT
TGGGGCTATTAATTTCATTACAACAATTATTAATATGAAACCTGCCGCCATCTCTCAGTACCAGAC
CCCTCTGTTTGTCTGATCTGTCCTAATTACAGCCGTCCTTCTCCTTCTATCCCTACCAGTTCTTGC
TGCCGGGATTACAATGCTTCTTACAGATCGAAACTTAAATACAACATTCTTTGATCCTGCAGGTG
GGGGAGATCCTATTCTCTATCAAC

十七 鲽形目 Pleuronectiformes

牙鲆科 Paralichthyidae

大鳞鲆属 *Tarphops* Jordan & Thompson, 1914

>>> 高体大鳞鲆 *Tarphops oligolepis*（Bleeker, 1858—1859）

标本号：FCZ19；采集时间：2014-01-15；

采集海域：东沙群岛西北侧海域，374渔区，21.340°N，115.167°E

中文别名：扁鱼、比目鱼

英文名：Flounder

形态特征：

该标本为全长12.09 mm、体长10.69 mm的高体大鳞鲆仔鱼，处于弯曲后期，身体侧扁。头小，头长为体长的22.73%；体高为体长的44.94%。口斜位，上、下颌约等长，口裂达眼中部下方，吻长为头长的21.14%。上颌钝平，下颌端具1个点状黑色素斑，隅角处1个黑色素斑。眼大，圆形，眼径为头长的34.27%。鳃盖骨下方零星分布数个点状黑色素斑。颅顶处具2个菊花状黑色素斑。背鳍起自眼中部正上方，背鳍前的独立冠状鳍条已不见；背鳍鳍条64/65条，背鳍基底零星分布7个黑色素斑，靠后部的色素斑连成线状。腹囊圆形，底部和右侧具多个菊花状黑色素斑。肛门位于身体前部，肛前距为体长的37.93%。臀鳍鳍条50条，臀鳍基底上具1条浓密的黑色素带。体中轴靠后方具3条黑色素线，其上方和下方肌节上分别具2条和4条黑色素线。肌节可计数，为10+20。

保存方式：甲醛

DNA条形码序列：

GCCCTTAGCCTGCTCATTCGAGCCGAGCTTAGCCAACCCGGAGCCCTTTTAGGAGACGAC
CAGATTTATAATGTAATCGTCACCGCTCACGCTTTCGTAATAATCTTTTTTATGGTCATACCAATT
ATGATTGGGGGCTTCGGAAACTGGCTTATTCCCTTAATGGTAGGGGCACCCGACATAGCCTTCC
CCCGAATGAACAACATGAGTTTCTGACTCCTTCCCCCCTCGTTCCTTCTCCTCCTAGCCTCTTCA
GGCGTTGAGGCAGGAGCAGGTACAGGTTGAACAGTATACCCCCCACTAGCTGGTAACCTTGCC
CATGCGGGAGCGTCCGTAGATCTGACCATTTTCTCACTACACCTGGCTGGTATTTCCTCTATTCT
AGGGGCTATTAACTTTATTACAACCATTATCAATATGAAGCCTCCAACTGTTACAATGTATCATAT
CCCTCTGTTTGTGTGAGCCGTCCTAATTACGGCCGTTCTACTTCTTCTATCCCTCCCTGTCCTAGC
TGCCGGGATTACAATGCTTCTTACAGACCGTAACTTGAATACCACTTTCTTTGACCCAGCTGGA
GGAGGGGATCCTATCCTTTACCAGC

鲆科 Bothidae

羊舌鲆属 *Arnoglossus* Bleeker, 1862

>>> **无斑羊舌鲆** *Arnoglossus aspilos*（Bleeker, 1851）

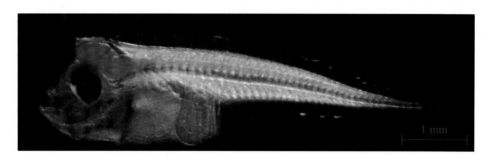

标本号：GDYH246；采集时间：2015-03-07；

采集海域：文昌外海，472渔区，19.406°N，112.723°E

中文别名：扁鱼、比目鱼

英文名：Spotless lefteye flounder

形态特征：

该标本为全长6.33 mm、脊索长6.09 mm的无斑羊舌鲆仔鱼，处于弯曲前期，身体长而侧扁。头大，头长为脊索长的24.38%，头高为脊索长的26.50%；体高为脊索长的18.02%。口小，口裂达眼前部下方，吻长为头长的29.72%。眼中等大，近圆形，眼径为头长的38.41%。颅顶具1条游离的冠状鳍条。腹囊近长方形，消化道在腹囊中盘旋。肛门位于身体中部靠前，肛前距为脊索长的47.35%。背鳍鳍褶宽，薄而透明，从头部后方开始延伸到尾索。臀鳍鳍褶宽，薄而透明，从肛门延伸到尾索。肌节尚在发育，肌节可计数，为9+36。

保存方式：甲醛

DNA条形码序列：

GCACTCAGCCTTCTTATCCGCGCAGAACTAAGCCAACCTGGCGCCCTACTCGGGGATGAC

CAGATCTATAATGTAATCGTTACAGCCCATGCCTTCGTAATAATCTTCTTTATAGTAATACCAATTA
TGATCGGGGGGTTCGGCAACTGGCTTATCCCCCTGATGGTAGGGGCCCCAGATATGGCCTTCCC
TCGGATAAATAACATAAGCTTCTGACTTCTCCCCCCTTCCTTCTTGCTTCTATTAGCATCATCTGG
CGTTGAGGCAGGAGCCGGAACAGGTTGAACAGTGTACCCCCCTCTGGCTGGCAACCTGGCCC
ACGCGGGAGCCTCTGTTGATCTCACAATCTTCTCACTTCACCTCGCAGGTGTCTCATCAATCCT
TGGAGCCATTAACTTCATTACCACTATTTTTAACATGAAGCCAGCCGCTATGTCCATATATCAAAC
CCCCCTATTCGTATGGGCAGTTCTGATCACGGCAGTCCTACTGCTCCTTTCACTCCCCGTCCTGG
CAGCGGGCATTACAATGCTCCTGACTGATCGGAACCTTAATACTACCTTTTTCGACCCCGTTGGC
GGAGGAGACCCGATCCTGTACCAAC

>>> 多斑羊舌鲆 *Arnoglossus polyspilus* （Günther, 1880）

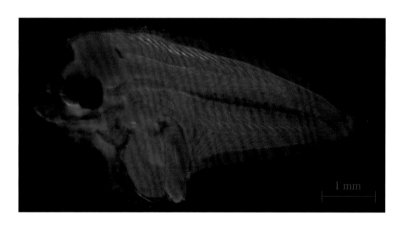

标本号：BBWZ841；采集时间：2014-09-01；
采集海域：北部湾北部海域，415渔区，20.417° N，108.250° E

中文别名：扁鱼、比目鱼

英文名：Many-spotted lefteye flounder

形态特征：

该标本为全长6.23 mm、体长5.87 mm的多斑羊舌鲆仔鱼，处于弯曲期，身体侧扁。头大，头长为体长的30.64%，头高为体长的36.84%；体高为体长的41.31%。脑区发达，头部向前隆起。口小，口裂达眼前部下方，吻长为头长的29.76%。眼中等大，近圆形，眼径为头长的28.64%。肛门位于身体中部略靠前，肛前距为体长的

46.81%。背鳍鳍条可计数，为78条；臀鳍鳍条可计数，为51条。腹囊呈圆形，消化道细长，盘旋于腹囊内。肌节可计数，为9+23。

保存方式：甲醛

DNA条形码序列：

GCCCTAAGCCTACTCATCCGGGCTGAACTAAGCCAACCTGGGGCCCTTCTAGGTGATGAC
CAGATCTACAATGTGATTGTAACAGCCCACGCCTTTGTAATGATCTTCTTCATGGTAATGCCAAT
CATGATCGGCGGGTTCGGTAACTGGCTGATCCCCCTTATGGTCGGTGCTCCGGACATGGCCTTC
CCTCGTATGAATAACATAAGCTTCTGACTTCTTCCCCCCTCATTCCTTCTCTTGCTTGCCTCTTCG
GGGGTAGAAGCAGGAGCAGGAACTGGGTGGACCGTCTACCCCCCTCTAGCGGGCAATCTAGCT
CACGCCGGGGCATCAGTAGACCTCACCATCTTCTCCCTTCACCTTGCAGGGATTTCGTCCATTC
TAGGCGCCATCAATTTTATTACTACAATTATTAATATAAAACCTGCTGCTATGTCTATGTACCAAAT
TCCTCTATTTGTCTGAGCTGTTTTAATTACAGCAGTCTTGCTGCTCCTCTCCCTACCAGTTCTGGC
AGCTGGAATTACAATGCTTTTAACTGACCGAAACCTTAACACCACTTTCTTCGACCCCGCCGGA
GGGGGGGACCCCATCTTGTATCAAC

鲆属 Bothus Rafinesque, 1810

>>> 豹纹鲆 Bothus pantherinus（Rüppell, 1830）

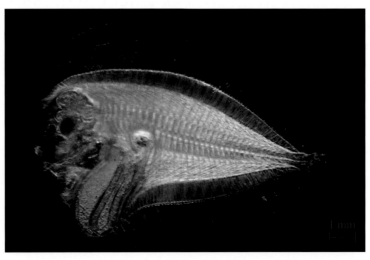

标本号：DSZ43；采集时间：2014-04-25；
采集海域：南海北部陆棚区边缘海域，428渔区，20.250° N，114.750° E

中文别名：扁鱼、比目鱼

英文名：Leopard flounder

形态特征：

该标本为全长11.89 mm、体长11.17 mm的豹纹鲆仔鱼，处于弯曲期，体宽而扁，体高为体长的55.73%。头小，头长为体长的26.69%。口小，口裂达眼前部下方，吻长为头长的34.10%。脑部清晰可见。颅顶具1条长而游离的冠状鳍条。眼小，近圆形，眼径为头长的28.84%。腹囊呈竖长方形，消化道清晰可见，盘旋于腹囊内。肛门开口于身体前部，肛前距为体长的33.28%。背鳍鳍条发达，可计数，为83条；背鳍基底宽而发达，基底长占体长的95.13%。臀鳍鳍条可计数，为64条。肌节可计数，为9/10+25。

保存方式：甲醛

DNA条形码序列：

GCACTCAGCCTTCTTATTCGAGCAGAGCTTAGCCAGCCGGGAGCACTGCTCGGTGATGAC
CAGATCTATAACGTCATTGTCACGGCCCACGCCTTTGTGATAATCTTCTTTATAGTAATGCCTATT
ATGATCGGAGGCTTCGGCAACTGGCTGATCCCCCTAATGGTGGGGGCCCCGGACATGGCCTTCC
CCCGTATGAATAACATGAGCTTCTGACTGCTGCCCCCCTCATTTCTCCTACTACTCGCCTCCTCG
GGCGTAGAGGCGGGGGCGGGGACCGGGTGGACTGTCTACCCCCCTCTGGCCGGCAATCTTGCC
CACGCGGGAGCATCAGTGGACTTGACTATCTTCTCTCTTCATCTTGCAGGCATTTCATCCATCCT
CGGGGGCTATCAATTTCATTACAACAATTCTAAACATGAAACCACCAGCCATGACAATGTACCAA
GTGCCTCTGTTCGTCTGAGCGGTACTAATCACTGCAGTTCTTCTGCTTCTCTCACTCCCTGTTCT
CGCTGCTGGGATTACCATGCTCTTAACAGACCGGAACCTGAACACCACTTTCTTTGACCCGGCC
GGAGGGGGCGACCCCATCCTATACCAAC

短额鲆属 *Engyprosopon* Günther, 1862

>>> **大鳞短额鲆** *Engyprosopon macrolepis*（Regan, 1908）

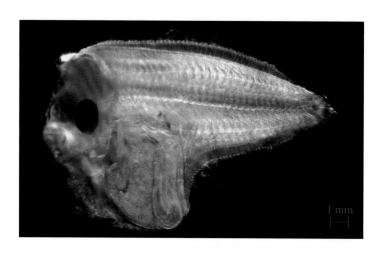

标本号：GDYH54；采集时间：2015-04-16；

采集海域：琼州海峡以东海域，422渔区，20.083° N，111.750° E

中文别名：扁鱼、比目鱼

英文名：Largescale dwarf flounder

形态特征：

该标本为全长15.76 mm、体长15.04 mm的大鳞短额鲆仔鱼，处于弯曲期，身体扁，体高为体长的63.37%。头宽，头长为体长的25.11%，头高为体长的44.61%。口小，口裂达眼前部下方，吻长为头长的45.87%，眼中等大，近圆形，眼径为头长的38.83%。腹囊呈竖椭圆形，消化道盘旋于腹囊内。肛门位于身体中部，肛前距为体长的50.81%。背鳍发育中，背鳍开始于脑区中部，鳍条为58～60条。臀鳍鳍条可计数，为42～46条。肌节可计数，为10+22。

保存方式：甲醛

DNA条形码序列：

GCCCTAAGCCTCCTCATCCGAGCCGAACTAAGCCAGCCTGGGGCTCTCCTGGGAGATGAC

CAAATCTACAATGTGATTGTAACAGCTCACGCCTTTGTAATAATCTTCTTCATAGTAATGCCAATC
ATGATCGGAGGGTTCGGGAACTGACTGATCCCCCTTATGGTTGGCGCCCCAGATATGGCGTTCC
CGCGAATGAACAACATAAGCTTTTGACTCCTTCCCCCCTCATTCCTGCTTCTTCTAGCCTCCTCA
GGTGTAGAAGCAGGGGCAGGTACCGGATGAACCGTTTACCCCCCACTAGCCAGCAACCTCGCC
CACGCAGGAGCATCAGTAGACCTTACTATTTTCTCACTGCACTTAGCAGGTATCTCCTCCATCCT
TGGGGCCATCAATTTTATCACCACAATTATTAATATAAAACCCACTGCTATATCTATGTACCAGAT
CCCACTATTTGTGTGAGCAGTACTAATTACTGCAGTCCTACTTCTTCTCTCACTTCCAGTTCTAG
CAGCGGGGATTACTATGCTGCTAACAGACCGAAACCTAAACACCACCTTCTTTGACCCTGCCGG
AGGGGGTGATCCAATCTTGTATCAAC

>>> **多鳞短额鲆** *Engyprosopon multisquama* Amaoka, 1963

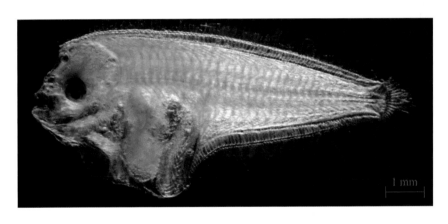

标本号：BBWZ318；采集时间：2014-04-22；

采集海域：北部湾口海域，556渔区，17.417° N，108.250° E

中文别名：扁鱼、比目鱼

英文名：暂无

形态特征：

该标本为全长10.20 mm、体长9.42 mm的多鳞短额鲆仔鱼，处于弯曲期，身体侧扁，体高为体长的44.77%。头宽，头长为体长的25.24%，头高为体长的30.77%。颅顶具1条游离的冠状鳍条。口小，口裂达眼中后部下方，吻长为头长的35.34%，眼中等大，近圆形，眼径为头长的28.65%。腹囊呈竖椭圆形，肛门位于身体中部靠前，肛前距为体长的46.93%。背鳍鳍条可计数，为86条。臀鳍鳍条可计数，为60/61条。肌节可计数，为10+23。

保存方式：甲醛

DNA条形码序列：

GCCCTGAGCCTTCTTATCCGAGCTGAACTAAGCCAGCCTGGGGCTCTCCTAGGAGACGAC CAGATCTACAATGTGATTGTAACAGCCCACGCCTTTGTAATGATCTTCTTCATGGTAATGCCAAT CATGATCGGCGGATTTGGTAACTGACTAATCCCCCTTATGGTCGGCGCCCCCGACATGGCGTTCC CCCGAATGAATAACATGAGCTTCTGACTTCTTCCTCCCTCATTCCTACTTCTACTTGCCTCTTCAG GTGTAGAAGCGGGGGCAGGAACTGGCTGAACCGTCTACCCCCCTCTAGCAGGCAACCTAGCTC ACGCTGGAGCATCTGTAGATCTTACTATTTTCTCGCTCCACCTTGCGGGCATCTCCTCTATTCTAG GGGCCATTAATTTTATTACTACGATTATTAATATGAAACCTGCTGCTATGTCTATGTACCAGATTCC TTTGTTCGTATGAGCAGTCTTGATTACAGCAGTTTTACTACTTCTTTCCCTCCCCGTCCTAGCAG CCGGGATTACCATGCTTTTAACAGATCGGAATCTTAACACCACTTTCTTCGACCCTGCAGGAGG GGGCGACCCCATCTTATACCAAC

鳎科 Soleidae

鳎属 *Solea* Quensel, 1806

>>> **卵鳎** *Solea ovata* Richardson, 1846

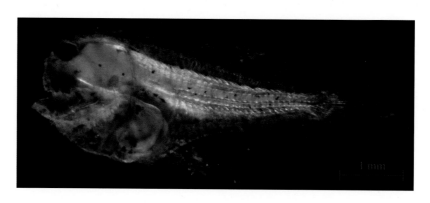

标本号：XWZ214；采集时间：2014-04-18；

采集海域：徐闻角尾海域，418渔区，20.225°N，109.994°E

中文别名：龙利

英文名：Ovate sole

形态特征：

该标本为全长5.87 mm、体长4.77 mm的卵鳎仔鱼，处于弯曲期，身体平扁，体高为体长的37.31%。头大，头长为体长的34.44%，头高为体长的39.51%。头中部至体中轴具15～17个点状黑色素斑。口斜位，口裂达左眼中部下方，吻长为头长的19.24%。双眼靠右侧，眼中等大，近圆形，眼径为头长的23.08%。腹囊呈半圆形，消化道盘旋于内；上缘具5/6个深浅不一的黑色素斑；下缘具9/10个点状黑色素斑。肛门位于身体前部，肛前距为体长的38.40%。背鳍发达，起始于眼后上方，一直延伸至接近尾鳍，背鳍基底长占体长的81.96%。鳍条显著延长。背鳍基底处具9/10个深褐色长短不一的条状色素斑。臀鳍发达，臀鳍基底长为体长的57.50%，鳍条显著延长。臀鳍基底分布有约13个色素斑。尾鳍发达，呈楔形。肌节可计数，为8+23。

保存方式：甲醛

DNA条形码序列：

GCCCTAAGCCTATTAATCCGAGCTGAACTAAGCCAACCAGGCTCCTTACTAGGGGATGAC
CAGATTTATAATGTCATCGTTACTGCACATGCCTTCGTAATAATCTTCTTTATAGTAATGCCAGTAA
TGATTGGAGGGTTCGGAAATTGACTCATCCCCCTAATGATCGGAGCCCCAGACATAGCATTTCC
ACGAATAAACAACATGAGCTTCTGGCTCCTTCCCCCTGCTTTCCTCCTACTTCTTGCATCATCAG
TAGTCGAAGCCGGAGCCGGAACAGGGTGAACAGTTTATCCACCCCTATCCAGCAATCTCGCCC
ATGCAGGCGCATCCGTCGACCTAACAATCTTCTCCCTTCACCTAGCAGGTGTGTCATCAATTCTT
GGGGCGATCAACTTTATCACAACCATCATTAACATAAAACCCCCTACCATGACAATCTACCAAAT
GCCTCTATTTGTCTGATCCGTCCTAATTACAGCTGTTCTTCTCCTGCTCTCCCTTCCCGTCCTAGC
AGCAGGAATTACAATGCTCTTAACTGACCGAAACCTCAACACAACCTTCTTCGACCCAGCTGG
AGGAGGAGACCCGGTCCTCTATCAAC

舌鳎科 Cynoglossidae

须鳎属 *Paraplagusia* Bleeker, 1865

>>> 日本须鳎 *Paraplagusia japonica*（Temminck & Schlegel, 1846）

标本号：XWZ221；采集时间：2014–04–20；

采集海域：徐闻角尾海域，418渔区，20.225°N，109.994°E

中文别名：龙利

英文名：Black cow-tongue

形态特征：

该标本为全长14.69 mm、体长13.74 mm的日本须鳎稚鱼，身体平扁，体高为体长的24.09%。头大，头长为体长的25.85%，头高为体长的27.48%。口倾斜，口裂达左眼中部下方，吻长为头长的23.44%。双眼均位于左侧，眼小，近圆形，眼径为头长的15.11%。腹囊呈椭圆形，肛门开口于身体前部，肛前距为体长的31.24%。背鳍发达，鳍条为97～105条，第一背鳍起点至吻端距离为体长的24.22%。背鳍基底上分布较多的点状黑色素斑。全身遍布小点状黑色素斑。腹鳍与臀鳍相连，鳍条为95～100条。尾鳍尖形。肌节可计数，为8+46。

保存方式：甲醛

DNA条形码序列：

GCCCTAAGTCTGCTTATTCGAGCAGAACTTAGCCAACCCGGTAGCCTCCTAGGCGATGAC

CAAATTTACAATGTTATTGTGACCGCTCATGCATTCGTAATAATTTTCTTTATAGTAATACCCATTA
TGATCGGAGGTTTTGGAAATTGATTAATTCCACTAATGATCGGAGCACCTGATATAGCTTTCCCT
CGAATAAATAATATAAGTTTCTGACTTCTTCCACCTTCCTTCCTTCTTCTCCTTGCCTCATCTACT
GTAGAAGCTGGTGCTGGTACAGGATGAACAGTATATCCTCCCCTTGCAGGAAACCTCGCCCATG
CCGGCGCCTCTGTCGACCTGACAATCTTCTCATTACACCTAGCCGGAGTATCATCTATTCTTGGG
GCTATTAATTTTATCACAACAGTCTTAAATATAAAACCTGAAGGGATAACAATATATCAATTACCT
TTATTTGTTTGAGCTGTTTTTATTACAGCAATTCTTCTACTCCTCTCACTCCCTGTTTTAGCCGCA
GGAATCACCATGCTTTTAACAGATCGTAATCTTAACACTACCTTCTTTGACCCCGCAGGTGGAG
GAGATCCTATTCTCTACCAAC

十八 鲀形目 Tetraodontiformes

单角鲀科 Monacanthidae

单角鲀属 *Monacanthus* Oken, 1817

>>> 中华单角鲀 *Monacanthus chinensis*（Osbeck, 1765）

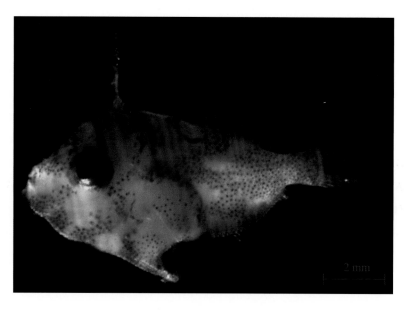

标本号：BBWZ453；采集时间：2014-05-08；

采集海域：涠洲岛海域，363渔区，21.236° N，109.226° E

中文别名：剥皮鱼、单角鲀

英文名：Fan-bellied leatherjacket

形态特征：

该标本为全长12.15 mm、体长9.92 mm的中华单角鲀稚鱼，身体侧扁，体高为体长的40.77%。头较大，头长为体长的41.78%，头高为体长的49.22%。口前位，口裂小，吻尖，上、下颌等长，均生有骨质板牙；吻长为头长的37.94%。眼大，近圆形，眼径为头长的38.30%。鼻孔1个，长圆形，位于近吻端，和眼靠近。头部两侧、额部和腹部表面具小刺。第一背鳍具2枚棘：第一枚棘粗状，棘高和头长相近，其上生有向上的钩刺以及向下的倒刺；第二枚棘短小，有棘间膜与第一枚棘连接。第二背鳍鳍条可计数，为26条。腹鳍鳍棘粗壮而短小，侧面隐约可见小刺。腹囊表面具较多的星状黑色素斑。肛门位于身体中后部，肛前距为体长的61.69%。臀鳍鳍条可计数，为22条。尾鳍呈楔形。肌节不可计数。

保存方式：甲醛

DNA条形码序列：

GCACTAAGCCTATTAATTCGGGCAGAACTAAGCCAACCCGGTGCTCTTCTCGGAGACGAC
CAGATTTATAACGTAATTGTAACCGCTCACGCTTTTGTAATGATTTTCTTTATAGTAATGCCAATTA
TGATCGGAGGGTTTGGAAACTGACTTATCCCCCTAATGATTGGGGCCCCTGACATGGCATTCCC
TCGAATAAACAACATGAGCTTTTGGCTCCTTCCCCCTCCTTCCTGCTTCTCCTTGCATCCTCAG
GTGTTGAAGCTGGAGCCGGAACAGGATGAACTGTCTACCCTCCCCTTGCAGGCAACCTAGCTC
ACGCGGGAGCATCTGTAGACCTAACAATTTTTTCCCTTCATTGGCAGGTATTTCTTCAATTCTA
GGGGCAATCAACTTTATCACAACCATCATCAACATGAAGCCTCCAGCTATCTCCCAATACCAGA
CACCCCTGTTTGTATGGGCCGTTCTGATCACCGCTGTCCTCCTCCTCCTCACTTCCTGTCCTC
GCTGCGGGCATTACAATGCTTCTCACCGACCGAAATTTAAACACCACCTTCTTTGACCCTGCAG
GTGGAGGAGACCCAATTCTATACCAAC

参考文献

［1］卞晓东，万瑞景. 灯笼鱼属仔稚鱼的发育形态及其分类检索［J］. 水产学报，2014，38：1 731-1 746.

［2］陈真然，魏淑珍. 南海西沙、中沙群岛及其邻近海域金枪鱼类仔稚鱼的研究［J］. 南海海洋科学集刊，1979，1：58-88.

［3］冲山宗雄. 日本産稚魚圖鑒［M］. 東京：東海大學出版會，1988.

［4］贾晓平，李纯厚，邱永松，等. 广东海洋渔业资源调查评估与可持续利用对策［M］. 北京：海洋出版社，2005.

［5］林昭进，梁沛文. 中华多椎鰕虎鱼仔稚鱼的形态特征［J］. 动物学报，2006，52：585-590.

［6］万瑞景，卞晓东. 明灯鱼属鱼类仔稚鱼的种类鉴别，发育形态及其分类检索［J］. 水产学报，2013，37：1 129-1 139.

［7］万瑞景，张仁斋. 中国近海及其邻近海域鱼卵与仔稚鱼［M］. 上海：上海科学技术出版社，2016.

［8］丘台生. 台湾的仔稚鱼［M］. 高雄：海洋生物博物馆筹备处，1999.

［9］张仁斋. 金线鱼仔稚鱼形态和在南海北部的产卵场和产卵期［J］. 海洋水产研究，1986，7：155-162.

［10］张仁斋，赵传絪，等. 中国近海鱼卵与仔鱼［M］. 上海：上海科学技术出版社，1985.

［11］Bangkok S, Unep B. Larval fish: identification guide for the South China Sea and Gulf of Thailand［M］. Thailand: Bangkok, 2007.

［12］Leis J M, Carson-Ewart B M. The larvae of Indo-Pacific coastal fishes: an identification guide to marine fish lavae.［M］. 2nd edition. Boston: Brill, 2004.

［13］Neira F J, Miskiewicz A G, Trnski T. Larvae of temperate Australian fishes: laboratory guide for larval fish identification［M］. Perth: University of Western Australia

Press, 1998.

[14] Randall J E, Lim K K P. A checklist of the fishes of the South China Sea ［ J ］.
The Raffles Bulletin of Zoology, 2000, 8: 569−667.

[15] Shao K T, Ho H C, Lin P L, et al. A checklist of the fishes of southern Taiwan,
northern South China Sea ［ J ］. The Raffles Bulletin of Zoology, 2008, 19: 233−271.